供临床、预防、基础、口腔、麻醉、影像、药学、
检验、护理、法医等专业使用

医学生物化学与分子生物学实验教程

第3版

主　编　黄春洪　涂　硕

副主编　朱伟锋　曾凡才　陈春香　杨晓红

编　委（按姓氏笔画排序）

王　旺　南昌医学院
朱伟锋　南昌大学江西医学院
刘燕隔　南昌大学江西医学院
汤晓丽　南昌大学江西医学院
杨晓红　南昌大学江西医学院
陈春香　南昌大学抚州医学院
胡晓鹍　南昌大学江西医学院
涂　硕　南昌大学江西医学院
黄春洪　南昌大学江西医学院
曾凡才　西南医科大学
谢彩凤　南昌大学江西医学院
熊向阳　南昌大学江西医学院
颜念龙　南昌大学江西医学院

科学出版社

北　京

内 容 简 介

本书分为五篇，第一篇为生物化学与分子生物学实验室基础知识与基本技术，第二篇为生物化学实验，第三篇为分子生物学实验，第四篇为创新设计实验，第五篇为虚拟仿真实验项目，共精选了 39 个生物化学与分子生物学实验。本书在内容设置方面，不仅保留了经典实验的精髓，还融入了教师科研项目中的综合性实验，以激发学生的探索精神和创新思维。此外，还引入了部分虚拟仿真实验项目，将传统实验室操作与现代信息技术相结合，学生将能够获得更加全面和立体的学习体验。

本书可供临床、预防、基础、口腔、麻醉、影像、药学、检验、护理、法医等专业使用。

图书在版编目（CIP）数据

医学生物化学与分子生物学实验教程 / 黄春洪，涂硕主编. — 3 版. 北京 ：科学出版社，2025. 8. — ISBN 978-7-03-082674-9

Ⅰ. Q5-33；Q7-33

中国国家版本馆 CIP 数据核字第 202536QB37 号

责任编辑：钟 慧/责任校对：宁辉彩

责任印制：张 伟/封面设计：无极书装

科学出版社 出版

北京东黄城根北街 16 号

邮政编码：100717

http://www.sciencep.com

北京九州迅驰传媒文化有限公司印刷

科学出版社发行 各地新华书店经销

*

2008 年 6 月第 一 版 开本：787 × 1092 1/16

2025 年 8 月第 三 版 印张：10

2025 年 8 月第十二次印刷 字数：296 000

定价：45.00 元

（如有印装质量问题，我社负责调换）

第 3 版前言

随着科学的不断进步，生物化学与分子生物学领域正经历着前所未有的变革。新技术、新方法和新理念的涌现，不仅推动了生物化学与分子生物学的快速发展，也为这一学科的实验教学带来了新的挑战和机遇。为了让本实验教材更好地适应新时期教学要求，更好地适应本科和研究生的实验教学，我们对前版教材进行了增删和修改。

本版教材在实验基本技术章节补充了科研中常用的免疫共沉淀技术、干扰技术和图像分析技术。我们深知，创新是科学发展的核心动力，在编写过程中，我们不仅保留了经典实验的精髓，还融入了教师科研项目中的综合性实验，以激发学生的探索精神和创新思维。例如，我们新增了基于 CRISPR 技术的基因编辑实验，让学生能够亲身体验到基因编辑的前沿技术。

本版教材还引入了部分虚拟仿真实验项目，将传统实验室操作与现代信息技术相结合。我们相信，通过虚实结合的实验设计，学生将能够获得更加全面和立体的学习体验。

尽管我们努力做好工作，但书中难免有不足之处，恳请使用本教材的广大师生提出宝贵意见，以便我们学习改进。

编　者

2024 年 12 月于南昌

目　　录

第一篇　实验室基础知识与基本技术

第二篇　生物化学实验

第三篇　分子生物学实验

第四篇　创新设计实验

第五篇　虚拟仿真实验项目

第一篇　实验室基础知识与基本技术

第一章　实验室基本常识

生物化学与分子生物学是生命科学的基础学科，也是前沿学科，支撑着现代生命科学和分子医学的发展。学习和掌握生物化学与分子生物学实验的基本原理、基本流程、结果分析、仪器使用规范及正确撰写实验报告，是本科生应该具备的基本功。

（一）生物化学实验的目的

1. 学习实验设计原理，掌握基本的生物化学实验方法及技能。

2. 通过实验验证，加深对生物化学理论知识的理解。

3. 培养学生的观察能力、综合分析能力、团结精神和创新思维。

（二）实验室规则及常识

1. 进入实验室需穿白色工作衣，必要时戴实验手套，注意实验防护。

2. 严格遵守实验课纪律，不迟到早退，不在实验室嬉笑打闹，严禁用器械及动物开玩笑。

3. 保持实验台整洁，实验台不要放书包、水杯等与实验无关的杂物。仪器、药品应摆放整齐，取用试剂时必须“盖随瓶走”，用后立即盖好放回原处。勿将试剂、药品洒在实验台面和地上。

4. 爱护公物，节约水、电、试剂和实验动物。使用贵重精密仪器时，应严格遵守操作规程，发现故障须立即报告教师，不得擅自动手拆修。调节微量移液器不得超出量程范围，使用离心机需要配平衡。损坏器皿或仪器要及时、如实报告老师，如情节严重，酌情赔偿。实验室内一切物品，未经本室负责教师批准，严禁带出室外。

5. 注意安全。注意水电安全，使用电炉应随用随关，易燃、易爆、有腐蚀性的试剂要特别注意安全，远离火源。针头、玻片等尖锐物品应丢入专门的塑料桶内，染料、腐蚀性有机试剂应按规定倒入废液桶，含有溴乙锭的琼脂糖凝胶应丢入专门的桶内。动物组织和尸体不得随意丢弃，应装入密封袋放入专门的冷柜保存。离开实验室要认真检查水电门窗是否关好，严防事故发生。

6. 实验完毕，将有关仪器和器材洗净归置好。值日生负责整个实验室的清洁和整理，保持实验室整洁。

（三）生物化学实验课的要求

1. 课前要充分预习实验课的有关内容，明确实验目的、原理、操作步骤及注意事项等。

2. 实验过程中不做与实验无关的事情，不妨碍他人实验。

3. 加强基本技术训练，如移液、混匀和过滤等。

4. 熟悉常用仪器的使用方法，如分光光度计、离心机、电泳仪等。

5. 如实记录实验结果，仔细分析，做出客观结论。实验失败，须认真查找原因，不得编造、任意涂改实验结果，不得抄袭他人实验报告。

6. 及时写好实验报告并按时上交。

第二章　实验基本技术

第一节　分光光度法

一、基本原理

分光光度法是利用物质特有的吸收光谱，对物质作定性或定量检测的一项常用技术。有色溶液对光线有选择性吸收作用，不同物质因其分子结构各异，故对不同波长光线的吸收能力也不同，因此每种物质都有其特异的吸收光谱。常用的波长范围为：200～400nm（紫外光区）、400～760nm（可见光区）、＞760nm（红外光区）。当光线通过某种溶液时，其中一部分光线可以透过，另一部分光线则被溶液所吸收，该现象可用于某些物质的定性或定量分析。

分光光度法的理论依据是朗伯-比尔（Lambert-Beer）定律。该定律阐明了溶液对单色光吸收的多少与溶液的液层厚度和浓度之间的定量关系。

（一）透光率和吸光度

当一束单色光通过溶液时，一部分光被散射，一部分光被吸收，还有一部分光透过溶液。设光线原来的强度（入射光强度）为 I_0，透射光强度为 I，I 与 I_0 的比值称为透光率（transmittance），以 T 表示：

$$T = \frac{I}{I_0}$$

透光率的负对数称为吸光度（absorbance，A）。其表达式为：

$$A = -\lg T = -\lg \frac{I}{I_0} = \lg \frac{I_0}{I}$$

（二）Lambert-Beer 定律

Lambert-Beer 定律指出当一束单色光的辐射能通过介质或溶液后，有一部分被吸收，其辐射能的吸收与溶液中吸光物质的浓度和光通过的液层厚度的乘积成正比。Lambert-Beer 定律适用于可见光、紫外光、红外光和均匀非散射的液体。Lambert-Beer 定律是描述溶液吸光度同溶液浓度和光通过的液层厚度之间关系的基本定律，该定律是分光光度法的理论基础。

其表达式为：

$$\lg \frac{I_0}{I} = KLC$$

$$A = KLC$$

式中，A 为吸光度；K 为吸光系数；L 为光通过的液层厚度，称为光径；C 为溶液浓度。

当液层厚度单位为 cm，溶液浓度单位为 mol/L 时，吸光系数 K 又称摩尔吸光系数（ε）。ε 的定义是：当液层厚度为 1cm，溶液浓度为 1mol/L 时，在特定波长下的吸光度值，它是物质的特征常数。这是分光光度法对物质进行定性的基础。通过测定某物质已知浓度溶液的吸光度，可求得该物质的 ε，其表达式为：

$$\varepsilon = A/LC$$

二、影响因素

应用 Lambert-Beer 定律进行分光光度测量时，误差主要来源于光学、化学和溶液浓度 3 方面的因素。

Lambert-Beer 定律要求入射光为单色光，大多数分光光度计生成的光不是严格的单色光，而是包括一定波长范围宽度的谱带，其他波长的杂色光是引起误差的主要原因。入射光的谱带越宽，其误差越大。一般应选择吸光物质的最大波长作为入射光，这样可获得最大的灵敏度，而且最大吸收波长处有一个较小的平坦区，ε 值变动很小，因此能得到较好的线性关系。

化学因素是影响光吸收的重要原因。溶液浓度、pH、溶剂和温度等因素均可影响化学平衡，改变溶液中吸光粒子的性质和数目，从而使吸光度和浓度不成线性关系。

溶液浓度对 Lambert-Beer 定律有很大影响，一般此定律只适用于稀溶液（浓度 10^{-4}～10^{-2}mol/L）。因为在高浓度时，吸光粒子间的平均距离变小，以致每个粒子都会影响其邻近粒子的电荷分布。这种相互作用可使它们的 ε 值发生改变。

三、分光光度法的应用

1. 分光光度法的定性分析　主要依据待测物质最大吸收波长（λ_{max}）和摩尔吸光系数（ε）进行定性分析。

（1）最大吸收波长（λ_{max}）法：依次用不同波长的光透过待测物溶液并测定其吸光度值，用波长和吸光度作图可找出最大吸收峰，其相应的波长为 λ_{max}。将其和标准品的 λ_{max} 相比较，可对待测物质进行定性分析。

（2）摩尔吸光系数（ε）法：准确配制待测物质的溶液，在 λ_{max} 处测定其吸光度值，根据 $\varepsilon=A/LC$ 计算出待测物的 ε 值，和标准液的 ε 值相比较，可对待测物质进行定性分析。

2. 分光光度法的定量测定

（1）标准曲线法：根据 Lambert-Beer 定律，液体的浓度在 10^{-4}～10^{-2}mol/L 时，其浓度与吸光度值成正比关系。配制一系列浓度的标准品溶液，在特定波长下测定其吸光度值，以浓度为横坐标，以其吸光度值为纵坐标进行作图，利用坐标纸描绘对应的点，根据各点分布描绘一条直线（或用电脑软件作图），这条直线称为标准曲线。根据标准曲线和待测溶液的吸光度值，查出相对应的浓度。如果是电脑作图，可以获得标准方程，将待测液吸光度值代入方程，可计算出对应的浓度。

（2）比较法：已知浓度的标准液和待测样品液作同样处理，使用相同的空白管，同时测定标准管和待测管的 A 值。根据 Lambert-Beer 定律：

$$A_{测} = K_{测} L_{测} C_{测};\ A_{标} = K_{标} L_{标} C_{标}$$

因为样品和标准品属于同类物质，比色皿大小（光程）相同，因此 A 值主要和 C 值相关。

$$C_{测} = (A_{测}/A_{标})C_{标}$$

第二节　离心技术

一、概　　述

离心技术是利用物质的沉降系数或浮力密度的差别，利用离心力进行分离、浓缩和提纯的一种方法。离心机是进行离心分离的仪器。

根据离心机转速的不同，通常将离心机分为：①普通离心机（最高转速 5000r/min），主要用于一般液体中可沉淀颗粒的分离，或者制备一般的组织匀浆；②高速离心机（最高转速 20 000～25 000r/min），主要用于细胞器的分离和生物大分子的制备；③超速离心机（最高转速可达 60 000r/min 及以上），多用于亚细胞结构，如细胞核、线粒体的分离和生物大分子的制备。按分离功能，离心机可分为分析型和制备型离心机；按使用温度不同，可分为常温和冷冻离心机。

二、离心分离的原理

悬液静置不动时，由于重力作用，悬粒逐渐自动沉降。颗粒越重下沉越快，而密度比液体小的颗粒则向上浮。稍大颗粒，如直径为数微米的红细胞，可以利用重力来观察其沉降速度。但小于几个微米的微粒，如病毒颗粒就不可以利用重力来使其自然沉降，因为其微粒小，沉降慢，扩散现象严重，所以需要利用离心的方法，产生强大的离心力场，以加速沉降。

1. 离心力和相对离心力 离心实验中，常用 RCF（relative centrifugal force）表示相对离心力，以重力加速度 g（g=980cm/s^2）的倍数来表示；用 r/min 表示离心机每分钟的转数。

r/min 与 g 或 RCF 之间的换算公式为：

$$g(\mathrm{RCF}) = 1.119\times10^{-5}\times(\mathrm{r/min})^2\times r$$

其中 r 表示离心机转轴中心与离心管中心的距离，单位为 cm。RCF 值在离心管内并不是处处相等，靠近转子外侧的值大，靠近中心轴的值小。

2. 沉降速度（v） 在强大的离心力作用下，单位时间内颗粒沉降的距离。一个颗粒的沉降速度不但取决于所提供的离心力，还取决于颗粒的密度和半径，以及悬浮介质的黏度。

$$v=\frac{\mathrm{d}x}{\mathrm{d}t}=\frac{d^2}{18}\cdot\left(\frac{\sigma-\rho}{\eta}\right)\cdot\omega^2 r$$

式中，dx 表示单位距离，dt 表示单位时间，d 表示颗粒的直径，σ 表示颗粒的密度，ρ 表示介质密度，η 表示溶液的黏度，ω 表示转子的角速度。

3. 沉降系数（S） 是颗粒在离心场中的物理参数，是在单位离心力作用下颗粒的沉降速度。

$$\mathrm{S}=\frac{v}{\omega^2 r}=\frac{d^2}{18}\cdot\frac{\sigma-\rho}{\eta}$$

为纪念超速离心的创始人斯韦德贝里（Svedberg），规定 10^{-13}s 为一个 Sevdberg 单位（S），即 1S=10^{-13}s。一般蛋白质、核酸、多糖的沉降系数为 1～200S。

三、离心分离常用方法

离心分离通常是以分离纯化生化物质、细胞、亚细胞颗粒为目的。离心分离常用方法主要有两种，即差速离心法和密度梯度离心法。

（一）差速离心法

采用逐渐增加离心速度或低速与高速交替的方式进行离心，使沉降速度不同的颗粒在不同离心速度及不同离心时间下分批分离的方法，称为差速离心法。一般用于分离沉降系数相差较大的颗粒。

（二）密度梯度离心法

该离心法是一种分级区带离心，即样品在梯度介质中进行离心沉降或沉降平衡，在一定离心力作用下把颗粒分配到梯度中的特定位置上，形成不同区带的分离方法。密度梯度离心法又可分为差速-区带离心法（或称沉降速度法）和等密度离心法（或称沉降平衡法）。

（1）差速-区带离心法：当不同的颗粒间存在沉降速度差时，在一定离心力作用下，颗粒各自以一定速度沉降，在密度梯度的不同区域上形成区带的方法称为差速-区带离心法。差速-区带离心法仅用于分离有一定沉降系数差的颗粒，与其密度无关。大小相同，密度不同的颗粒（如线粒体、溶酶体和过氧化物酶体）不能用本法分离。

离心时，由于离心力的作用，颗粒离开原样品层，按不同沉降速度沿离心管沉降。离心一定时间后，沉降的颗粒逐渐分开，最后形成一系列界面清楚的不连续区带。沉降系数越大，向下沉降得越快，所呈现的区带也越低。沉降系数较小的颗粒，则在上层部分依次出现。

（2）等密度离心法：当不同颗粒存在浮力密度差时，在离心力场中，颗粒或向下沉降，或向上浮起，一直沿梯度移动到与它们密度恰好相等的位置上形成区带，即等密度离心法。

等密度离心法的有效分离取决于颗粒的密度差，密度差越大，分离效果越好，与颗粒的大小和形状无关，但后两者决定着达到平衡的速度、时间和区带的宽度。等密度离心的分辨率受颗粒性质（密度、均一性、含量）、梯度性质（形状、斜率、黏度）、转子类型、离心速度和时间的影响。颗粒区带宽度与梯度斜率、离心力、分子量成反比。

四、注意事项

由于离心机的高速旋转会产生极大的力，如使用方法不当，可能会造成危险。离心操作前平衡离心管至关重要，通常是用托盘天平平衡所有样品管，差值不超过离心机说明书上所规定的范围。把平衡好的试管对称放在相对应的位置上。离心过程中应留意观察，不能随意打开盖门。离心过程中，实验人员不得随意离开，应随时观察离心机仪表是否正常工作，如有异常声音应立即停机检查，及时排除故障后再进行离心。仪器在工作状态或停机未稳定的状态下，不要随意打开盖门，以免发生危险。

第三节　层析技术

层析法又称色谱法，是利用混合物各组分理化性质的差别（如分子形状和大小、吸附力、溶解度、分子极性、分配系数、电荷及分子亲和力等）进行分离的方法。不同组分以不同的程度分布在两个相中，其中固定不动的称为固定相，另一个流过此固定相的液体或气体称为流动相。

一、基本原理

1941年马丁（Martin）和辛格（Synge）根据氨基酸在水与氯仿两相中的分配系数不同建立了分配层析分离技术，同时提出了液-液分配层析的塔板理论。目前，塔板理论已被广泛用来阐明各种层析法的分离机制。

1. 分配系数　在色谱分析过程中，溶质既进入固定相，又进入流动相，这个过程称作分配过程。样品分配的程度，可用分配系数 K 表示，即为溶质在固定相中的浓度与在流动相中的浓度之比值。不同类型层析的 K 值含义不同，在吸附色谱中，K 为吸附平衡常数；在分配色谱中，K 为分配系数；在离子交换色谱中，K 为交换常数；在亲和色谱中，K 为亲和常数。

K 值大表示物质在层析过程中被固定相吸附较牢，在固定相中停留的时间长，流动相迁移的速度慢，出现在洗脱液中较晚。相反，K 值小，溶质出现在洗脱液中较早。因此，混合物中各组分的 K 值相差越大，则各物质能得到越完全的分离。

2. 塔板理论　Martin 等把一根层析柱看成许多塔板，待分离组分在塔板间移动，在每一个塔板内组分分子在固定相和流动相之间形成平衡，随着流动相的流动，组分分子不断从一个塔板移动到下一个塔板，并不断形成新的平衡。一个色谱柱的塔板数越多，分离效果就越好。

二、层析技术的分类

根据层析系统的分离分析原理不同，可将层析方法分成不同类型（表1-1）。固定相可以装入柱中，展成薄层或涂成薄膜，称为色谱床。流动相可以是气体或液体，分别称为气相色谱和液相色谱。

表1-1　层析技术种类

分类	类型
按“两相状态”	气液、气固、液液、液固、液凝胶
按“床的几何形状”	柱式：填充柱、空管柱 开床式：滤纸、薄层
按“展开方式”	洗脱、迎头、置换
按“分离机制”	吸附、分配、离子交换、凝胶过滤、亲和

下面对较为常用的吸附层析、分配层析、离子交换层析、凝胶层析和亲和层析作一简要介绍。

（一）吸附层析

某些物质，如氧化铝、硅胶等具有吸附其他一些物质的性质，而且对不同物质的吸附能力不同，利用这种差异可将混合物分离。吸附力的强弱除与吸附剂本身的性质有关外，也与被吸附物质有关。根据操作方式的不同，吸附层析可分为柱层析与薄层层析两种。

1. 柱层析 顾名思义，柱层析是玻璃管柱分离。在柱底铺垫棉花或玻璃棉，管内加吸附剂粉末，用适当溶剂湿润后，即成为吸附柱，然后在柱顶加入待分离的样品溶液。在洗脱过程中，管内连续发生溶解、吸附、再溶解、再吸附的现象。由于溶剂与吸附剂对待分离样品的溶解力与吸附力不同，不同样品移动的距离也不同。最常用的吸附剂是硅胶和氧化铝。硅胶的吸附能力和含水量关系极大，硅胶吸水后，吸附能力下降。通常非极性与极性不强的有机物，如胡萝卜素、甘油酯、磷脂、胆固醇等的分离，用这种方法最为合适。

2. 薄层层析 薄层层析是将吸附剂在玻璃板上均匀地铺成薄层，把要分离的样品点加到薄层板上，然后用合适的溶剂展开，进行分离和鉴定。因为层析是在薄板上进行的，故称为薄层层析。其优点是：①设备简单，操作容易；②层析展开时间短，只需数分钟到几小时，即可获得结果；③分离时几乎不受温度的影响；④可采用腐蚀性显色剂，而且可以在高温下显色；⑤分离效率高。

制备薄板有两种方法：一是不加黏合剂，将吸附剂干粉氧化铝、硅胶等直接均匀铺在玻璃板上，通常称为软板，制作简单方便，但易被吹散；另一种是加黏合剂，如水或其他液体，将吸附剂调成糊状再铺板，经干燥后才能使用，通常称硬板，制备较复杂，但易于保存。通常用氧化铝G（G表示石膏，即氧化铝中含5%的煅石膏）或硅胶G制备硬板，此外也可用淀粉或羧甲基纤维素钠（CMC-Na）作黏合剂制板。

（二）分配层析

分配层析是利用混合物在两种或两种以上的不同溶剂中的分配系数不同而使物质分离的方法，相当于一种连续性的溶剂抽提。如用带水的材料（载体）作为一种液相（固定相），加入与水不相溶或仅部分相溶的溶剂为另一种液相（流动相），则混合物各组分在两相中发生不同的分配现象而逐渐分开，形成层析谱。

载体在分配层析中只起负载固定相的作用，它们是一些吸附力小、反应性弱的惰性物质，如淀粉、纤维素粉、滤纸等。固定相除水外，也可用稀硫酸、甲醇、仲酰胺等强极性溶液。流动相则采用比固定相极性小或非极性的有机溶剂。

纸层析是一种应用广泛的分配层析，以滤纸为载体，滤纸上吸附着水（20%～22%），是经常使用的固定相；某些有机溶剂，如醇、酚等为常用的流动相。把欲分离的物质加在纸的一端，使流动相溶剂经此移动，这样就可以在两相间进行分配。由于样品中各物质的分配系数不同，会逐渐在滤纸上分别集中于不同的部位。在固定相中分配趋势较大的成分，随流动相移动的速度较慢；反之，在流动相中分配趋势较大的成分，移动速度就较快。物质的移动速率可以用比移值（R_f）表示。

$$R_f = \frac{\text{色斑中心至原点中心的距离}}{\text{溶剂前缘至原点中心的距离}}$$

物质在特定溶剂中的分配系数是固定的，R_f值也恒定，因此可以根据R_f值来鉴定被分离的物质。

纸层析按操作方法分成两类，即垂直型和水平型。垂直型是将滤纸条悬起，使溶剂向上或向下扩散。水平型是将圆形滤纸置于水平位置，溶剂由中心向四周扩散。垂直型使用较广，将滤纸裁成长条，在某一端离边缘2～4cm处点样，待干后，将点样端边缘与溶液接触，在密闭的玻璃缸内展开。

上述方法只是用一种溶剂系统进行一次展开，称为单向层析。如果样品成分较多，而且彼此的 R_f 相近，单向层析分离效果往往不理想，此时可采用双向层析法，即在长条形或方型滤纸的一角点样，卷成圆筒形，先用第一种溶剂系统展开；展开完毕吹干后，转 90°，再放于另一种溶剂系统中，向另一方向进行第二次展开，如此可使各成分的分离较为清晰（图 1-1）。

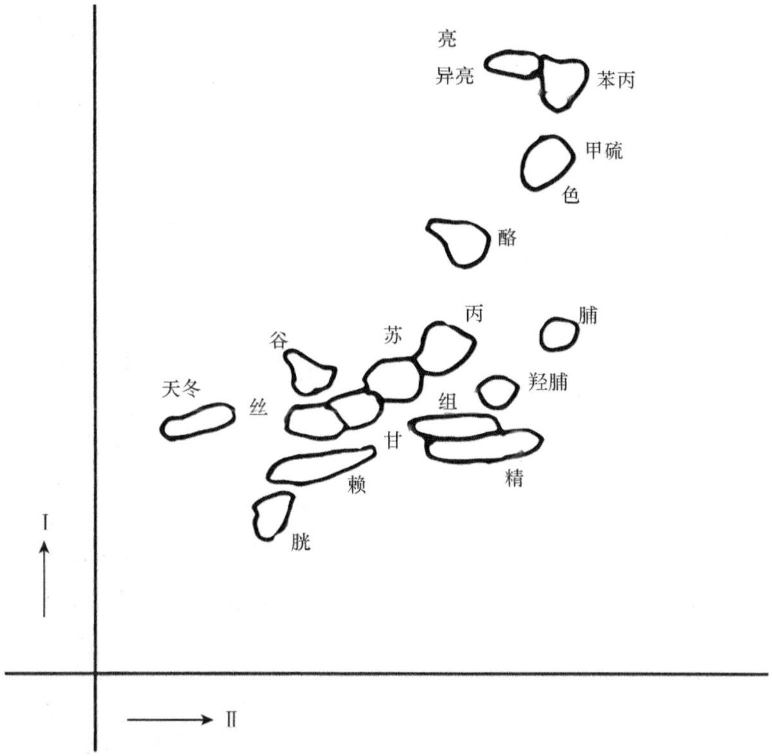

图 1-1　氨基酸双向纸层析

I 正丁醇∶冰醋酸∶水 =4 ∶ 1 ∶ 5（*V*/*V*）；Ⅱ酚∶水 =8 ∶ 2（*W*/*W*）

（三）离子交换层析

离子交换层析原理是带电荷的层析填料能够吸附异种电荷的样品分子，不同样品分子因为所带电荷的差异，与填料亲和力有差别，逐步升高溶液中的无机离子浓度，将样品分子逐步从填料上交换下来而达到分离目的。例如层析填料带正电荷，带负电荷的蛋白质分子可以被吸附，带负电荷越多［等电点（pI）值越低］的分子吸附越牢固，带正电荷的蛋白质或离子不会被吸附。逐渐升高洗脱液中 NaCl 浓度，不断升高的 Cl^- 可以将吸附的蛋白质逐步交换下来，达到分离的目的。

离子交换填料大多是树脂，故称为离子交换树脂。离子交换树脂是一种人工合成的高分子化合物，一般呈球状或无规则粒状。离子交换树脂分为两大类：分子中具有酸性基团，能交换阳离子的称为阳离子交换树脂；分子中具有碱性基团，能交换阴离子的称为阴离子交换树脂。按其解离性大小，又可分强弱两种（表 1-2）。

表 1-2　按解离性大小对离子交换树脂分类

种类	性质	解离基团
阳离子交换树脂（带负电，吸附阳离子）	强酸性	磺酸基（$-SO_3H$）
	弱酸性	酚羟基（—OH），羧基（—COOH）
阴离子交换树脂（带正电，吸附阴离子）	强碱性	季铵盐 [$-N^+(CH_3)_2$]
	弱碱性	叔胺 [$-N(CH_3)_2$]，仲胺（$-NHCH_3$），伯胺（$-NH_2$）

（四）凝胶层析（分子筛层析）

凝胶层析主要根据混合物中各种分子的大小及形状不同，通过固定相凝胶时，分子的扩散移动速率各异，使大小不同的分子得到分离和纯化。

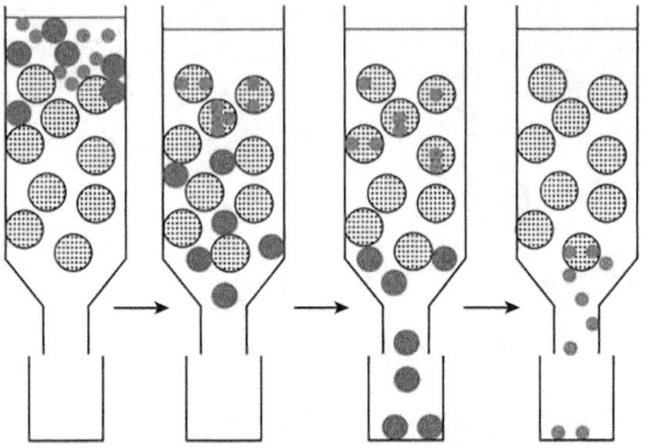

图 1-2 凝胶层析示意图

与其他实心填料不同，凝胶层析填料是多孔性的网状球形结构。凝胶填料装入玻璃柱内，形成柱床。该柱床包括球形颗粒直接的体积（外水体积）、凝胶内部孔道体积（内水体积）。大分子由于颗粒直径大于孔道口，所以被排阻在外，只能在颗粒间空隙移动，较快流出层析柱，小分子可以进入凝胶内部孔道，而被滞留，较慢流出层析柱（图 1-2）。因此凝胶过滤层析也称为分子排阻层析。

凝胶过滤是一种比较温和的分离方法，但对于装柱和洗脱有很高的要求。填料加水溶胀后，需要抽真空将孔道内的空气排出，否则会严重影响凝胶过滤的分离效果。洗脱中也要注意不能让空气进入凝胶柱。

凝胶过滤主要用来分离分子量差别较大的样品，也可以用来除去样品中的盐。不同规格的凝胶，其孔道大小的范围也不一样，例如 Sephadex 填料（其名称来自 separation pharmacia dextran，是一种交联葡聚糖）（表 1-3），因此要根据样品的分子量选择合适的凝胶进行分离。由于凝胶颗粒小，外水体积和内水体积较小，所以凝胶过滤层析对上样体积有限制，体积越大，分离效果越差，且分离后样品会被稀释，体积变大。

表 1-3 葡聚糖凝胶分离的范围

凝胶	分离范围（分子量）
Sephadex G-200	$5\times10^3\sim6\times10^5$
Sephadex G-150	$5\times10^3\sim3\times10^5$
Sephadex G-100	$4\times10^3\sim1.5\times10^5$
Sephadex G-75	$3\times10^3\sim8\times10^4$
Sephadex G-50	$1.5\times10^3\sim3\times10^4$
Sephadex G-25	$1\times10^3\sim5\times10^3$
Sephadex G-15	$<1.5\times10^3$
Sephadex G-10	$<7\times10^2$

（五）亲和层析

亲和层析是利用生物分子能与相应的配基专一的可逆结合，而对物质进行分离纯化的方法。例如将抗原与填料偶联，制成层析柱分离血清，则可以专一性吸附对应的抗体。该方法特异性高，分离纯化效果远大于其他层析法，有时一步操作就能提纯 100 倍，甚至 1000 倍，操作简便，分离快速。含量少且与杂质的溶解度、分子大小、电荷分布等理化性质差异很小的物质，更适宜使用此种方法进行分离纯化。

此法主要用于各种蛋白质如酶、抗原、抗体、受体、转运蛋白等的纯化，但必须要有适当的配基以备共价结合在一定的载体上。组氨酸标签（6×His）是六个组氨酸的串联片段，对镍离子（Ni^{2+}）有特异性吸附，因此进行基因工程表达蛋白质时，常在其 N 端或 C 端加上 6×His，重组蛋白则可以用镍离子亲和层析快速分离。吸附在层析柱上的蛋白质可以用咪唑（组氨酸侧链基团）

交换洗脱下来。

配基结合载体的方法有多种。一般先活化载体上的功能基团，再与配基连接。例如琼脂糖载体，可在其糖的羟基上用溴化氰于 pH 为 11 时进行反应，形成氨基甲酯基团或亚氨碳酸基团后，再与配基中的氨基或羟基作用，形成共价结合。

层析时，层析柱中有一定的配基浓度，上样后，待分离的蛋白质与相应配基形成特异复合物，即蛋白质配基复合物。随着样品的不断加入，复合物的形成增多，从而形成紧密的吸附带，此时应选择适当离子强度及适当 pH 值的缓冲液使其更易于形成复合物。接下来再用平衡缓冲液充分洗涤，以除去非特异吸附的杂质，使柱中只留下特异吸附的蛋白质，再改变缓冲液 pH 或离子强度，使所要分离的蛋白质从复合物中解离而洗脱下来，也可加入可溶性配基作竞争性洗脱。有时亲和力特别强，还可试用尿素、盐酸胍等蛋白质溶剂使其洗脱。

第四节　电泳技术

电泳（electrophoresis）是指带电粒子在电场中向相反电荷的电极移动的现象。电泳技术可用于生物物质的分离、物质纯度的分析和分子量的测定等。

一、基本原理

任何物质由于其本身的解离作用或表面吸附其他带电质点而成为带电物质，在电场中便会向一侧电极移动。作为带电颗粒，可以是小的离子，也可以是生物大分子，如蛋白质、核酸、病毒颗粒、细胞器等。

不同的带电颗粒在同一电场中运动的速度不同，其泳动速度用迁移率表示。电泳迁移率与颗粒所带的电荷成正比；而与颗粒的半径和溶液的黏度成反比。在相同电泳条件下，不同物质的迁移率如有差异，则会因移动距离不同而被分离。

二、影响电泳速度的外界因素

被分离物质的泳动速度除受其本身性质的影响外，还与其他外界因素有关。影响颗粒泳动速度的外界因素讨论如下。

（一）电泳介质的 pH 值

为了使电泳时 pH 值保持恒定，必须采用适当的缓冲液作为电泳缓冲液。缓冲液 pH 值决定了带电颗粒的解离程度，即所带的电荷多少。对蛋白质等两性电解质而言，介质 pH 离 pI 越远，蛋白质所带的净电荷就越多，泳动速度也越快；反之，则越慢。由于血清含有各有蛋白质，其等电点均在 pH 7.5 以下。因此，分离血清蛋白常用 pH 8.6 的巴比妥缓冲液或三羟甲基氨基甲烷（Tris）缓冲液。

（二）电场强度

电场强度是指每厘米的电位，又称电位梯度（电势梯度）。电场强度越高，则带电颗粒泳动越快。根据电场强度的不同，电泳可分为：①常压（100～500V）电泳：电场强度为 2～10V/cm。分离所需时间较长，从数小时到十几小时，适合于分离蛋白质等大分子物质。②高压（2000～10 000V）电泳：电场强度为 50～200V/cm。电泳时间很短，有时只需几分钟，多用于分离氨基酸、多肽、核苷酸、糖类等小分子物质。

电压升高，产热量也增加，故高压电泳常需用冷却装置，否则热量可能引起：①蛋白质等活性物质变性；②电泳缓冲液水分蒸发过多，使支持物上的离子强度增加；③毛细现象（电泳槽内的电极缓冲液吸到支持物上）。这些作用均可影响物质的分离。

（三）缓冲液的离子强度

离子强度是表示溶液中电荷数量的一种量度，等于溶液中各种离子的摩尔浓度与其价数平方之积总和的一半。低离子强度时，迁移率快。但离子强度过低，缓冲液的缓冲容量小，不易维持pH恒定。高离子强度时迁移率慢，这是因为缓冲液离子可以吸附在带电分子（如蛋白质）表面，形成反离子氛，犹如大气层包围地球。因此为了获得更快的反应速度，在缓冲容量允许的范围内，离子强度应该尽可能低。一般最适合的离子强度为0.02～0.2mol/L。

（四）电渗现象

在电场中，由于多孔的支持物吸附水中的正或负离子，使溶液相对带负电或正电，在电场作用下，溶液就向相反的方向移动，此种现象称为电渗。如滤纸吸附OH^-而带负电荷，与纸相接触的水溶液带正电荷，液体便向负极移动。由于电渗现象往往与电泳同时存在，故带电粒子的泳动距离也受电渗影响：若电泳方向与电渗相反，则实际电泳的距离等于电泳距离减去电渗的距离；若方向相同，则实际电泳距离等于电泳距离加上电渗的距离。琼脂中含有琼脂果胶，其中含有较多的硫酸根，所以在琼脂电泳时电渗现象很明显。实际工作中，应尽量选择电渗作用较小的物质作电泳支持物。

（五）温度对电泳的影响

电泳过程中因通电而产生热量，对电泳有很大影响。温度升高时，介质黏度下降，分子运动加快，自由扩散变快而使迁移率增加。温度每升高1℃，迁移率增加约2.4%。为降低热效应对电泳的影响，可控制电压或电流强度，也可在电泳系统中安装冷却散热装置。

（六）支持物的选择

对支持物的选择，一般要求支持物质地均匀、吸附力小、电渗作用小，否则电场强度不均匀，会影响区带分离，而且使实验结果及扫描图谱难以重复。

三、电泳的分类

（一）按分离原理分类

电泳按分离原理分类可分为区带电泳、移界电泳、等速电泳和等电聚焦电泳4种。区带电泳是指电泳过程中，不同的离子成分分离成各自独立的区带。这是当前应用最广泛的电泳技术。等电聚焦电泳是基于等电点不同进行分离，被分离物移动至各自等电点pH位置时净电荷为零，不再移动，发生聚焦分离。

（二）按有无固体支持物分类

根据有无固体支持物，电泳可分为自由电泳和支持物电泳两大类。

1. 自由电泳 样品在溶液中进行电泳，带电粒子朝着与其电荷相反的电极方向移动进行分离。

2. 支持物电泳 根据支持物的特点可分为：①无阻滞支持物，如滤纸、乙酸纤维素薄膜、纤维素粉、淀粉、玻璃粉、凝胶颗粒等。②高密度的凝胶，如聚丙烯酰胺凝胶（PAG）、琼脂糖凝胶等。电泳槽的形式有垂直、水平、柱状、毛细管状、湿小室状及幕状等形式。

四、常用电泳方法

（一）乙酸纤维素薄膜电泳

乙酸纤维素薄膜电泳利用乙酸纤维素薄膜作为固体支持物进行电泳分离。和滤纸支持物相似，但比滤纸电泳电渗小、分离速度快、样品用量小，缺点是分辨率较低，不适用于样品的制备。

（二）琼脂糖凝胶电泳

琼脂糖（agarose）是直链多糖，它由半乳糖和3,6-脱水-*L*-半乳糖的残基交替排列组成，中性，不带电荷，为平板电泳支持物，多用于分离、鉴定核酸。琼脂糖凝胶具有网络结构，它兼有“分子筛”和“电泳”的双重作用，可以根据分子量大小对物质进行分离。一定大小DNA片段在不同浓度的琼脂糖凝胶中，电泳迁移率不同，不同浓度的琼脂糖凝胶适宜分离 DNA 片段大小范围见表 1-4。

表 1-4　不同浓度琼脂糖凝胶适宜分离 DNA 片段大小范围

琼脂糖凝胶浓度（%）	线性 DNA 大小（kb）
0.3	5～60
0.6	1～20
0.7	0.8～10
0.9	0.5～7
1.2	0.4～6
1.5	0.2～4
2.0	0.1～3

琼脂糖凝胶制备时，要注意调节电炉或微波炉功率及加热时间，加热后若发现溶液不是完全澄清，应继续加热直至溶液澄清，但不能加热过度，否则会因水分蒸发导致体积减小，凝胶浓度变大。

（三）聚丙烯酰胺凝胶电泳

聚丙烯酰胺凝胶电泳（polyacrylamide gel electrophoresis，PAGE）是用聚丙烯酰胺作支持物的电泳方法。它具有许多优点：①样品不易扩散；②可控制凝胶浓度，按照需要制成不同孔径的凝胶；③兼有分子筛效应与电荷效应，分辨能力高；④凝胶侧链上具有不活泼的酰胺基，无其他离子基团，电泳时不产生电渗作用，化学上惰性；⑤凝胶浓度容易控制，样品分离的重复性高；⑥在一定浓度范围内凝胶是透明的，机械强度好，有弹性；⑦能按照需要把带电荷的基团掺入凝胶中；⑧需要样品少，一般 1～100μg；⑨设备简单，分离时间短；⑩用途广泛，对蛋白质、核酸等生物分子可进行分离、分子量测定等。

1. 凝胶的形成　聚丙烯酰胺凝胶（polyacrylamide gel，PAG）是由单体丙烯酰胺（acrylamide，Acr）与交联剂 *N,N'*-亚甲双丙烯酰胺（bisacrylamide，Bis）在催化剂及加速剂的促聚合作用下，交联形成的三维网状结构的凝胶（图 1-3）。常见的催化剂有过硫酸铵（ammonium persulfate，AP），加速剂有四甲基乙二胺（tetramethyl ethylnediamine，TEMED）。

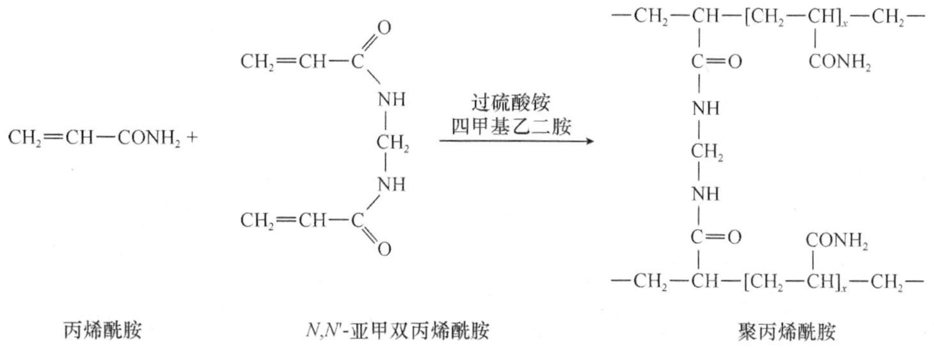

图 1-3　聚丙烯酰胺凝胶交联

2. 凝胶孔径的可调性及有关性质　凝胶浓度、孔径、机械性能、弹性、透明度、黏度和聚合程度取决于凝胶总浓度和交联度。凝胶总浓度通常用 T% 表示，即 100mL 凝胶溶液中含有 Acr 及 Bis 的总克数。交联度常用 C% 表示，指交联剂 Bis 占单体 Acr 与 Bis 总量的百分数。常用的凝胶浓度范围是 8%～15%。凝胶浓度的选择应该根据待测样品的分子量范围来确定。一般来说，对于分子量较大的样品，可以选择浓度较低的凝胶，如 8%；对于分子量较小的样品，可以选择浓度较高的凝胶，如 12% 或 15%。如果不确定待测样品的分子量范围，可以尝试不同浓度的凝胶进行实验，以确定最佳的凝胶浓度。

3. 电泳原理 PAGE 根据其有无浓缩效应，可分为连续系统与不连续系统两大类。前者只有一层胶，电泳体系中缓冲液 pH 值及凝胶浓度相同，主要靠电荷及分子筛效应分离；后者一般含有浓缩胶和分离胶，缓冲液离子成分、pH 值、凝胶浓度等存在不连续性，分离主要依靠浓缩效应、电荷效应和分子筛效应，其分离条带清晰度及分辨率均较前者佳。

（1）浓缩效应

1）凝胶孔径不连续性：电泳凝胶分为 2 层，上层为浓缩胶，下层为分离胶。样品加在浓缩胶上面，浓缩胶浓度低（常为 5%），为大孔胶；分离胶浓度高（常为 10%～15%），为小孔胶。在电场作用下，样品在大孔胶中遇到的阻力小，移动速度快；当其进入小孔胶时，受到的阻力增大，移动速度减慢，因而在两层凝胶交界处，由于凝胶孔径的不连续性可使样品被压缩成很窄的区带。

2）缓冲体系离子成分及 pH 值的不连续性：PAGE 缓冲液常用 Tris-Gly（pH 8.3）缓冲液，凝胶制备则用 Tris-HCl 缓冲液，其中分离胶 pH 为 8.8，浓缩胶 pH 常为 6.8。Gly（甘氨酸）在 pH 8.3 时，可解离成为 Gly^-，凝胶中的 HCl 解离为 Cl^-，大部分样品也解离带负电荷。Gly^- 进入浓缩胶，因缓冲液 pH 下降导致 Gly 解离度降低，负电荷减少，迁移率明显下降（尾随离子）；样品带有比 Gly 多的负电荷，迁移率居中，因此在浓缩胶中，离子迁移率为 Cl^-＞样品＞Gly^-。当进入分离胶时，Gly 解离度增大，迁移率为 Cl^-＞Gly^-＞样品。

3）电位梯度的不连续性：电泳开始后，在快离子（Cl^-）后面，可形成一个离子浓度低的区域即低电导区，因此电势梯度陡增，迫使样品和 Gly 在此区域加速前进而追赶快离子，夹在快慢离子中间的样品就会在追逐过程中被挤压聚集成一条狭窄的区带，此浓缩效应可使样品浓缩数百倍。

（2）电荷效应：每种样品分子所带电荷不同，泳动率也不同，样品按泳动率快慢被分开。

（3）分子筛效应：分离胶具有一定的孔隙，因此分子量大小不同的样品在凝胶中受到的阻力不同，小分子容易穿过凝胶网孔而迁移率高，最终按照分子量大小进行分离，这种效应称为分子筛效应。

4. PAGE 的类型

（1）圆盘及垂直板电泳：二者原理一样，只是电泳装置不同。圆盘电泳是凝胶在细的玻璃管中聚合，样品分离染色后呈圆盘状。垂直板电泳是凝胶在两块玻璃板之间的夹层中聚合，染色后形成条状的区带。垂直板电泳凝胶薄（常为 1mm、1.5mm），表面积大，便于冷却以降低热效应，便于染色和脱色，条带更清晰，也方便印迹转移。

（2）十二烷基硫酸钠聚丙烯酰胺凝胶电泳（SDS-PAGE）：在 PAGE 体系中添加阴离子去污剂 SDS，它带有大量负电荷，能消除不同种类蛋白质间原有电荷差异。SDS 与蛋白质结合后，可破坏蛋白质原有结构，使蛋白质变为均一的短棒状。因此 SDS-PAGE 中蛋白质迁移率只与分子量大小相关，迁移率与其分子量的对数呈线性关系，可用来测定蛋白质分子量大小。

（3）等电聚焦（isoelectric focusing，IEF）电泳：IEF 是利用一种含有两性电解质的缓冲液在凝胶内制造一个渐变的 pH 梯度，当蛋白质迁移至与其 pI 相同 pH 处时，由于净电荷为零而不再移动，因此 IEF 是依据等电点不同而分离蛋白质的一种方法。IEF 灵敏度高，磷酸化不同的同一蛋白质，分子量差异几乎可以忽略，但 IEF 可将其分离。

（4）双向电泳（two dimensional electrophoresis，2DE）：1975 年，奥法雷尔（O'Farrell）发展了 2DE 技术，其第一向采用 IEF，第二向采用 SDS-PAGE，由于结合了蛋白质的等电点和分子量 2 种特性来进行分离，因此具有非常高的分辨率（图 1-4）。这样各种蛋白质根据等电点和分子量的不同而被分离，并分布在二维图谱上。细胞提取液的二维电泳可以分辨出 1000～2000 种蛋白质，有些报道可以分辨出 5000～10 000 个斑点，这与细胞中可能存在的蛋白质数量接近。

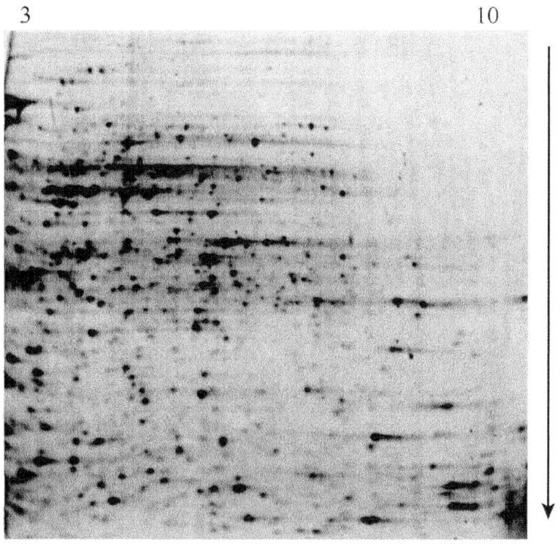

图 1-4　小鼠肝脏双向电泳图谱（银染）

第五节　PCR 技术

聚合酶链式反应（polymerase chain reaction，PCR）又称无细胞分子克隆或特异性 DNA 序列体外引物定向酶促扩增技术。在反应中，DNA 产物以指数方式扩增，可将皮克（$pg=10^{-12}g$）量级的起始待测模板扩增到微克水平。因此具有特异性强、灵敏度高、操作简便、省时等特点。可用于核酸的定性、半定量和定量分析，现已经成为分子克隆、基因突变、病原体检测、基因表达分析、DNA 定量和测序及遗传病诊断的常用工具。

一、基本原理

PCR 的基本工作原理是模拟细胞内 DNA 复制过程。以待扩增 DNA 序列为模板，用与待扩增片段两侧互补的单链 DNA 为引物，为 DNA 聚合酶提供 3′-OH 末端，在 DNA 聚合酶作用下，按照 DNA 半保留复制的机制，以脱氧核苷三磷酸（dNTP）为底物，沿着模板链延伸合成新 DNA，经过若干个上述循环过程，即可完成目的 DNA 的扩增。

二、反应体系

PCR 反应体系包括特异性寡核苷酸引物、DNA 模板、*Taq* DNA 聚合酶、dNTP 及含金属离子的缓冲液。

1. 寡核苷酸引物　长度为 18～30 个核苷酸，需要与模板匹配，以确保扩增反应的特异性。浓度在 0.1～1μmol/L，浓度过高会产生错配与引物二聚体，浓度太低会降低 PCR 扩增效率。

2. 缓冲液　标准 PCR 缓冲溶液的成分为 Tris-HCl、$MgCl_2$、KCl。其中 Mg^{2+} 是 *Taq* DNA 聚合酶的激活剂。Mg^{2+} 浓度过低会使 *Taq* DNA 聚合酶活性显著下降；Mg^{2+} 过高易导致产物非特异性扩增。Mg^{2+} 可与负离子结合，所以反应体系中 dNTP、EDTA 等的浓度可影响反应中游离的 Mg^{2+} 浓度。

3. *Taq* DNA 聚合酶　*Taq* DNA 聚合酶是从栖热（温泉）水生杆菌（*Thermus Aquaticus*）中分离，天然耐热。现在一般为重组表达的 *Taq* 酶。采用“热启动”酶，可最大程度地减少因引物错配形成非特异性产物的问题。

4. dNTP　包括 dATP、dCTP、dGTP、dTTP。该 4 种 dNTP 浓度应相等，若浓度不均等，则可能诱发聚合酶错误掺入。浓度过高易产生错误碱基的掺入，过低则会降低反应产量。

5. DNA 模板　模板是 DNA 合成的母本，模板量通常为 100pg～1μg，模板浓度过高会导致产物的非特异性扩增。

三、PCR的基本反应步骤

PCR包括3个重复步骤：变性、退火和延伸。每3个步骤为一个循环。

1. 变性（denaturation） 通常指将反应混合物加热到94℃或95℃，DNA解离成两条单链。化学本质是核酸二级结构的变性，使双链DNA间的氢键断裂。

2. 退火（annealing） 又称复性（renaturation），指反应混合物迅速冷却（通常为50～65℃），引物与模板DNA按照碱基互补序列配对结合，形成双链。

3. 延伸（extension） 再次升温（通常为72℃），*Taq* DNA聚合酶将4种dNTP从引物的3′-OH开始掺入，沿着DNA模板由5′至3′方向按照碱基配对原则延伸，合成新的DNA分子。

重复上述3个步骤，按照半保留复制链的方式，新链又可成为下次循环的模板。每完成一个循环需2～4min，由于DNA分子的数量在每个周期中翻倍，因此DNA呈指数级扩增。2～3h就能将待扩增目的基因扩增放大几百万倍。反应最终的DNA扩增量可用下式计算：

$$C = C_0(1 + P)^n$$

式中，C代表DNA片段扩增后的拷贝数；C_0表示扩增开始时的DNA模板数量；P表示平均每次的扩增效率；n为循环次数。

四、PCR的局限性

首先，利用PCR扩增基因组DNA片段前提是基于已知目标DNA序列的一部分，以设计合适的引物，因此不适合扩增未知DNA序列。其次，引物可与部分相似DNA序列非特异性退火，易产生非靶DNA扩增，通常通过优化反应条件来控制。再次，作为一种高灵敏度的检测方法，PCR也容易受到污染，即使是微量的DNA污染也会导致错误的结果。最后，PCR过程中外源普通*Taq* DNA聚合酶无3′-5′校正功能，扩增中易发生突变。

五、PCR技术的基本类型

为了实现不同的研究目标，科学家对PCR技术进行了发展，形成了一系列PCR衍生技术，其中包括：以RNA为模板扩增cDNA的逆转录PCR（RT-PCR）；定量测定扩增产物量的定量PCR（qPCR）；分析DNA旁侧区的反向PCR（reverse PCR）；未知序列一端加上一段多聚dG的尾巴，然后分别用多聚dC和已知的序列作为引物进行扩增的锚定PCR（anchored PCR）；在标准PCR技术基础上增加一对产物内部引物（即巢式引物），增强反应特异性和目标扩增子产量的巢式PCR（nested PCR）；通过对反应体系中退火温度进行优化来提高反应特异性的降落PCR；在组织细胞内进行PCR与原位杂交相结合的原位PCR（*in situ* PCR）；利用不等量的一对引物来产生大量单链DNA（ssDNA）的不对称PCR（asymmetric PCR）；同一PCR反应体系里加上两对以上引物，同时扩增出多个核酸片段的多重PCR（multiplex PCR）；采用具有互补末端的引物，使PCR产物形成重叠链，从而在随后的扩增反应中通过重叠链的延伸，将不同来源的扩增片段重叠拼接起来的重叠延伸PCR（SOE PCR）等。

（一）逆转录PCR

逆转录（reverse transcription）是以RNA为模板，合成与其互补的DNA（cDNA）的过程。逆转录-聚合酶链式反应（RT-PCR）是逆转录与PCR技术的融合。首先，提取细胞或组织中的总RNA，以其中的mRNA为模板，经逆转录酶的作用从RNA合成cDNA，再以cDNA为模板，扩增合成目的片段，是检测基因表达最常用的方法。可检测单个细胞中少于10个拷贝的特异RNA，是目前灵敏度最高的RNA检测方法，可以用于低丰度的mRNA分析。

（二）实时定量 PCR

实时定量 PCR（real-time quantitative PCR，RT-qPCR）是对 DNA 或基因表达水平进行定量分析的技术。RT-qPCR 实现了靶向扩增定量检测，具有特异性更强，结果准确可靠、自动化程度高等特点。可用于检测和比较多种样本中的微量核酸，包括基因定量、基因分型和扩增特异性分析等，广泛应用于医学诊断、检验检疫和环境微生物检测等领域。

1. RT-qPCR 的原理　通过在反应体系中引入荧光探针或染料，利用荧光信号积累实时监测 PCR 扩增反应并对模板初始量进行定量分析，使每一个循环变得“可见”，最后通过循环阈值（cycle threshold，Ct 值）和标准曲线对样品中 DNA（或 cDNA）的起始浓度进行定量。Ct 值即 RT-qPCR 扩增过程中扩增产物的荧光信号达到设定的阈值时，所经过的扩增循环次数，它与模板起始拷贝数的对数存在线性关系。利用已知起始浓度的标准品作出标准曲线，从而可计算出该样品的起始浓度。

2. RT-qPCR 的荧光染料与探针　RT-qPCR 中荧光信号的产生主要依赖以下 2 种方法：一种是非特异性的结合，即双链 DNA 结合染料［SYBR 绿（SYBR Green）及其衍变物］；另一种是模板特异性结合，即用不同荧光基团标记的探针与互补序列结合后产生荧光信号。

（1）荧光染料：SYBR Green I 染料通过结合 DNA 双螺旋的小沟，进而掺入到 DNA 双链，发射荧光信号，未结合的染料分子不会发射任何荧光，从而保证荧光信号的增加与 PCR 产物的增加完全同步。然而，SYBR Green Ⅰ染料可以和任何 dsDNA 结合，缺乏特异性，RT-qPCR 中若有非特异性扩增产物，会增加荧光值，影响定量结果的准确性，而探针法的出现很好地解决了染料法非特异性的问题。

（2）荧光探针：荧光探针 *Taqman* 是一类寡核苷酸探针，与待扩增的 DNA 序列互补。该探针两端分别标记一个报告基团和一个淬灭基团，当探针完整地结合在 DNA 单链上，报告基团发射的荧光信号被淬灭基团吸收，检测不到荧光信号。RT-qPCR 扩增时，*Taq* 酶的 5′-3′ 核酸外切酶活性将探针酶切水解，使得报告基团和淬灭基团分离，从而发出荧光。切割的荧光分子数与 PCR 产物的数量成正比，因此，通过检测荧光强度可以监测 PCR 产物扩增量。

六、PCR 技术的应用与进展

（一）PCR 技术的应用

1. 生物学领域　PCR 技术应用于基因、DNA 片段的克隆，人工基因构建，基因定点突变，基因型（突变）检测，SNP 分析，遗传背景分析，生物物种鉴定，系统进化研究，DNA 序列测定，基因表达量研究，基因表达谱研究［基因表达系列分析（serial analysis of gene expression，SAGE）、DNA 芯片（DNA chip）等］等方面。

2. 医学领域　PCR 技术不仅可以用来扩增与分离目的基因，而且在临床医疗诊断、基因突变与检测、分子进化研究及法医学等领域都有着重要的用途。如疾病基因检测/遗传病的产前诊断，致病病原体的检测，肿瘤治疗中癌基因的检测，以及 DNA 指纹、个体识别、亲子关系鉴别、法医物证、其他动植物检疫（转基因动植物检测）等方面。

（二）数字 PCR 技术

1. 数字 PCR（digital PCR，dPCR）的原理　dPCR 核酸分子定量方法的原理是基于荧光 PCR 扩增与计数，但无须 Ct 值和标准曲线即可实现定量。在 dPCR 中，扩增反应被分成数千个独立的部分，分区可以通过微孔板、毛细管、油乳液或阵列来实现。理想情况下，每个单独的反应混合物含有少于或等于一个目标分子，待分割后的反应扩增至终点，计数阳性（荧光）和阴性分区的数量，即可通过泊松定律精确计算每个分区的 DNA 目标数和原始标本中的拷贝数。

2. dPCR 与 RT-qPCR 的比较　见表 1-5。

表 1-5 RT-qPCR 与 dPCR 比较

项目	RT-qPCR	dPCR
荧光测定	每个循环进行实时荧光测定	扩增结束后，对每个反应单元的荧光信号进行采集
扩增影响	样品与标准物的 PCR 扩增效率可能不同	直接计数目标分子数，不依靠校准物或外标
检测限	低拷贝数的目标 DNA 可能受高丰度分子干扰，难以检测	每个反应室为单个 DNA 模板，未检测出的可能性非常低
定量方式	用标准物制备标准曲线，计算未知样品浓度，属相对定量	通过计数反应室的荧光，实现绝对定量
多指标检测	多腔室扩增与多荧光通道结合的并行 PCR	多个荧光通道/单波长
应用	基因表达定量、质量控制、病原体检测、SNP 基因分型、拷贝数变异、微 RNA（miRNA）分析、干扰小 RNA/RNA 干扰（siRNA/RNAi）实验等	病毒载体、核酸标准品、基因表达和下一代测序文库定量、稀有等位基因检测、混合物富集和分类等

第六节 印迹技术

印迹技术是指将待测样本结合到一定的固相支持物上，利用靶分子的物理化学特性与液相中探针分子特异性的结合，并依赖探针的识别能力，达到对目标分子进行定性或定量分析目的的技术。该技术具有较高的特异性及敏感度，已成为分子生物学领域中最常用的基本技术之一。

一、核酸分子杂交技术

核酸分子杂交（nucleic acid hybridization）技术实质上是利用碱基之间遵循互补配对原则，使得具有一定同源性的两条核酸单链在一定条件下（适宜的温度和离子强度等）退火形成双链，对核酸分子进行检测的技术。该技术可广泛应用于基因克隆的筛选和酶切图谱制作、基因组中特定序列的定性和定量检测、基因突变分析及疾病的诊断等方面。

核酸分子杂交技术的形式较为多样，如可以直接将核酸样品点样于固相支持物上，称为斑点印迹；也可以利用毛细管虹吸作用或电场作用将凝胶中的核酸分子转移至支持物上。待测核酸序列既可以是克隆的基因片段，也可以是基因组 DNA 和细胞总 RNA。

目前核酸分子杂交技术中应用较为广泛的是 DNA 印迹法（Southern blotting）和 RNA 印迹法（Northern blotting）。它们之间的区别主要在于目的核酸分子的种类不同，分别对应的是 DNA 和 RNA。

（一）DNA 印迹法

DNA 印迹法是由萨瑟恩（Southern）于 1975 年设计应用的。大致过程是将经琼脂糖凝胶电泳分离的 DNA 片段转移到特异的固相支持物上，再用标记的核酸探针与固相支持物上的 DNA 片段杂交，去除未杂交的游离探针分子后，通过放射自显影方法取得分子杂交的结果，即显示目的 DNA 分子存在的位置。具体操作如图 1-5 所示：

1. 消化 使用合适的限制性内切酶将 DNA 样品切割成不同长度的片段。

2. 电泳 将消化后的 DNA 样品进行琼脂糖凝胶电泳，使核酸分子按分子量大小不同，予以分离。

3. 变性 由于 DNA 样品多为双链状态，为了便于其与探针进行杂交，需对凝胶内部的样品 DNA 进行变性处理。

4. 转膜 将载有经变性处理的 DNA 样品的凝胶夹在固相支持膜和滤纸之间，使得 DNA 从凝胶转移至膜上。这种转移到膜上的 DNA 不仅保持了在凝胶上的相对位置，而且也保留了凝胶上 DNA 量的信息。

5. DNA 的固定 将转移后的 DNA 通过不同的处理固定到杂交膜上。如彻底干燥可以将 DNA 固定在尼龙膜或硝酸纤维素膜上，又如尼龙膜在小剂量紫外线照射下可以与 DNA 分子形成共价结合。

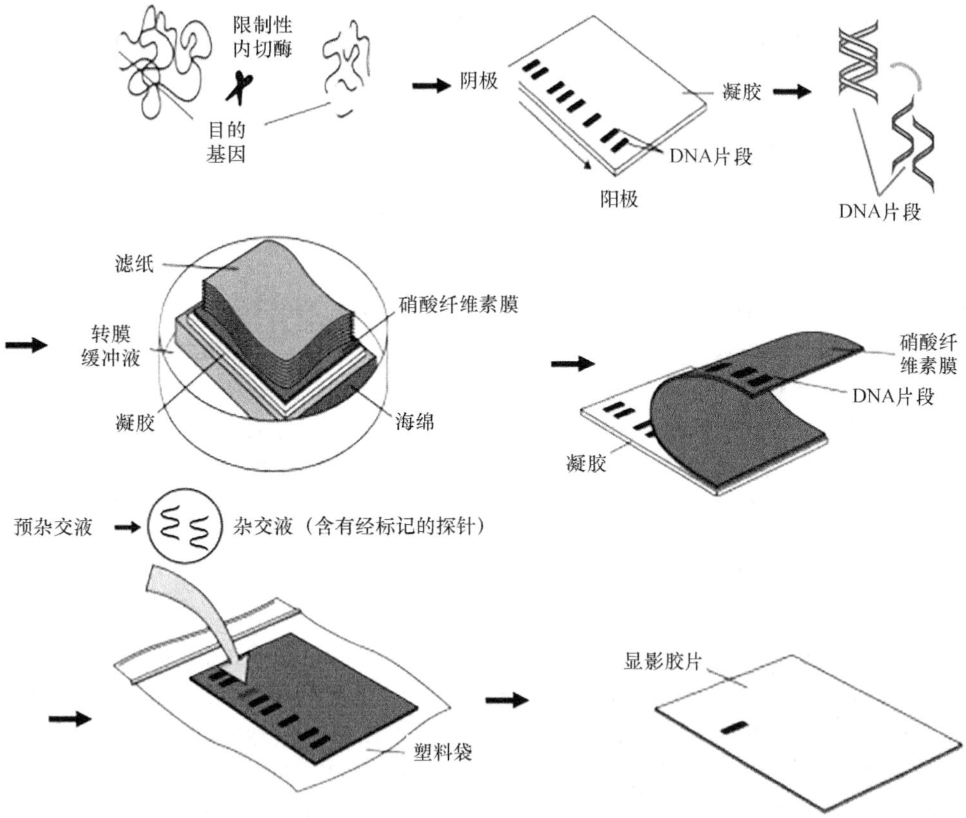

图 1-5　DNA 印迹法的操作示意图

6. 预杂交和杂交　将固定有 DNA 的膜先与不含探针的预杂交液共孵育，以将膜上的非特异性 DNA 结合位点封闭，减少与探针的非特异性吸附作用。随后将膜与杂交液（含有放射性核素或生物素等标记的探针）共孵育，进行杂交反应，探针可与目标 DNA 序列特异性结合。

7. 显影　杂交反应完成后，将硝酸纤维素膜与 X 射线摄影胶片进行接触放射自显影。放射性核素衰变产生的粒子作用于胶片乳剂层，使互补结合探针的靶 DNA 条带对应区域形成显影信号。非放射性标记探针的检测（以生物素-链霉亲和素系统为例）：通过生物素-辣根过氧化物酶 / 碱性磷酸酶复合物与探针的特异性结合，形成“生物素-链霉亲和素-酶”放大系统。该复合物催化底物（如 DAB 或 NBT/BCIP）发生氧化还原反应，在靶 DNA 条带处生成可见的显色沉淀，从而完成可视化检测。

（二）RNA 印迹法

DNA 印迹法出现之后，1977 年阿尔文尼（Alwine）等提出一种类似的、用于分析细胞总 RNA 或特定 mRNA 分子大小和丰度的分子杂交技术，与 Southern blotting 相对应，取名为 Northern blotting。这一技术自出现以来，已成为分析 mRNA 最为常用的经典方法。

RNA 印迹法的基本过程和原理与 DNA 印迹法相类似。所不同的是，样本提取的是 RNA。与 DNA 相比，RNA 操作具有更高的难度。主要的原因在于核糖核酸酶（ribonuclease，RNase）极为活跃，而且十分稳定，在 100℃煮沸 10min 活力无明显丧失，因此，此技术的关键是防止 RNA 被降解，操作过程中要创造一个无 RNA 酶的环境。

探针可以是 DNA，也可以是 RNA，但 DNA 比较稳定。由于 mRNA 是翻译成蛋白质的模板，所以可以用 mRNA 的量来反映细胞中某个基因表达的状况。但值得一提的是，mRNA 的量与蛋白质的表达水平并非完全一致，所以在分析结果时需仔细考虑。

（三）其他核酸杂交的方法

1. 斑点杂交法（dot blotting） 即将 RNA 或 DNA 变性后直接点样于硝酸纤维素膜或尼龙膜上，然后采用特定的探针进行杂交。该方法常用于基因表达的定性及定量分析。RNA 斑点杂交是由卡法托斯（Kafatos）等提出的，这种方法能快速检测多个 mRNA，适用于需同时对多个样品进行鉴定的情况。

2. 原位杂交（*in situ* hybridization） 直接用组织切片或细胞涂片进行核酸杂交，可与形态学分析相结合，进行组织细胞内核酸分子的定位、定性或相对定量。其特点在于无须从组织或细胞中提取核酸，能在成分复杂的组织中进行分析；保持组织细胞的完整性，核酸分子处于原位，可直接反映目标分子在组织细胞内的分布。目前此技术已广泛应用于基因定位、绘制基因图、病毒等外源基因在染色体上整合部位的定位、癌基因定位及细胞 RNA 转录水平的研究。

3. 荧光原位杂交（fluorescence *in situ* hybridization） 利用非放射性的荧光信号对原位杂交样本进行检测的技术。其基本原理是用荧光基团标记特异性 DNA 探针，再将标记了荧光信号的探针与待测样品进行原位杂交，最后在荧光显微镜下对发光信号进行辨别和计数。通过观察荧光信号的颜色和数目的异常，达到疾病诊断的目的。

二、蛋白质印迹法

蛋白质印迹法（Western blotting）又称免疫印迹技术，是一种普遍使用的检测蛋白质相对表达的方法。其原理和过程与 Southern 印迹法和 Northern 印迹法类似。首先将蛋白质用 SDS 聚丙烯酰胺凝胶电泳（SDS-PAGE）按分子量大小分开，再把蛋白质转移到硝酸纤维素膜或聚偏二氟乙烯（PVDF）膜等固相支持膜上，膜上蛋白质的位置与其在凝胶上的位置相对应。与 RNA 和 DNA 不同的是，蛋白质的检测是以特异性的抗体作为探针。蛋白质印迹法可检测样品中特异性蛋白质是否存在以及相对表达水平。

蛋白质印迹法的第一步是蛋白质的提取。在组织和细胞裂解过程中要特别注意避免蛋白质的降解，也不能破坏蛋白质的抗原性。因此，可在裂解缓冲液中加入蛋白酶抑制剂，并保持低温操作。当采用 SDS-PAGE 样品缓冲液直接煮沸裂解蛋白质时，由于操作时间很短，可以不用蛋白酶抑制剂。蛋白质电泳前，须进行蛋白质浓度的定量检测，以确保上样量处于合适范围。

蛋白质经 SDS-PAGE 电泳后转移至固相支持膜上，为避免抗体与固相支持膜的非特异性结合，须进行封闭处理。再用抗目的蛋白抗体（一抗）与膜共孵育，一抗结合到目的蛋白上。然后使用酶标记的二抗识别一抗，采用化学发光或荧光底物来显示目的蛋白的有无及所在位置，最后通过胶片曝光或化学成像仪拍照。

蛋白质印迹法目前在生物医学领域中的应用主要有以下几方面：

（一）检测蛋白质的表达水平

蛋白质印迹法基于抗原-抗体特异性结合原理，利用特异性抗体识别目标蛋白并显色，通过分析显色条带的位置可定性检测目标蛋白的存在，而基于图像分析软件测定的条带灰度值（与蛋白含量正相关）则可实现不同样本间目标蛋白表达水平的半定量分析。需要注意的是，该技术测定的是目标蛋白的相对含量而非绝对浓度，其定量结果需通过内参蛋白校正以实现跨样本比较。此外，检测信号的强度易受抗体亲和力、转膜效率、曝光条件等因素影响，因此蛋白质印迹法通常被视为半定量分析方法，其主要应用场景为对比不同实验条件下目标蛋白的表达水平变化。

（二）检测蛋白质与蛋白质的相互作用

大部分蛋白质不是独立发挥作用，而是通过特定的方式与其他蛋白质结合在一起，形成蛋白质 - 蛋白质相互作用（protein-protein interaction，PPI）。这种相互作用在细胞的生命活动中充当重要的角色，参与疾病的发生和发展过程，如癌症、糖尿病、抑郁症、心血管疾病、肝炎、肝硬化等。

因此检测蛋白质的相互作用对明确疾病的发展机制尤为重要。其中用于检测蛋白质相互作用的经典实验方法，如免疫共沉淀（co-immunoprecipitation，Co-IP/CoIP）和下拉（pull-down）实验均需借助蛋白质印迹法完成。

免疫共沉淀实验是以抗体和抗原之间的转移性作用为基础的检测蛋白质间直接或间接相互作用的方法。详细实验原理和方法参见第一篇-第二章-第七节（免疫共沉淀技术）。

pull-down 实验适用于检测两种纯化蛋白质之间的直接相互作用。其主要原理是利用 DNA 重组技术将编码已知蛋白质与“标签”蛋白质的基因融合，从而将已知蛋白质与“标签”蛋白质以融合蛋白质的形式表达。谷胱甘肽-S-转移酶（glutathione-S-transferase，GST）是一种广泛使用的亲和“标签”蛋白质。已知蛋白质与 GST 融合表达，而融合蛋白质通过 GST 与固化在载体上的谷胱甘肽（glutathione，GSH）亲和结合。将待“钓取”蛋白质纯化后与上述体系共孵育，若“钓取”蛋白质与已知蛋白质具有相互作用，可被吸附，形成 GSH-GST-已知蛋白质-“钓取”蛋白质复合物。通过蛋白质印迹法或质谱技术鉴定“钓取”蛋白质，则可考察两种蛋白质间的相互作用。

（三）检测蛋白质翻译后修饰的方式

蛋白质翻译后修饰（PTM）是对特定氨基酸残基的化学修饰，其常见形式包括磷酸化、糖基化、甲基化、泛素化等，而新兴研究也强调了乙酰化、乳酸化、巴豆酰化和琥珀酰化等方式。在特定蛋白质修饰酶的调控下，不同折叠状态之间的转换或修饰位点的变化可动态调节蛋白质的生物学特性和功能。蛋白质翻译后修饰方式的检测可以采用 2 种方式。一是免疫共沉淀结合蛋白质印迹法或质谱分析：①使用针对目标蛋白的抗体结合至固相基质（如琼脂糖树脂），通过免疫共沉淀富集目标蛋白，再利用针对特定 PTM 的抗体（如抗磷酸化抗体）借助蛋白质印迹法，检测其修饰状态；②直接使用针对特定 PTM 的抗体富集修饰蛋白，通过蛋白质印迹法或质谱鉴定目标蛋白是否发生修饰。二是直接利用蛋白质印迹法检测：通过 SDS-PAGE 分离蛋白质并转移至 PVDF 膜，使用特异性识别目标修饰（如磷酸化、泛素化）的抗体进行蛋白质印迹分析，直接检测 PTM 的存在及程度。

第七节　免疫共沉淀技术

一、概　　述

免疫共沉淀（Co-IP/CoIP）是一种常见的实验方法，用于研究蛋白质-蛋白质相互作用、蛋白质与其他生物分子的结合及蛋白质的定位等。免疫共沉淀是基于抗原-抗体特异性相互作用关系，将目标蛋白及与其结合的蛋白质或其他生物分子一同沉淀下来，从而实现对目标蛋白及其相关分子的富集。因此，通过免疫共沉淀不仅可以验证目标蛋白的蛋白质-蛋白质相互作用，还可以发现新的蛋白质复合物。

二、免疫共沉淀技术的原理

在非变性条件下细胞被裂解时，细胞内存在的许多蛋白质-蛋白质相互作用被保留了下来。为检测细胞内是否存在 X-Y 蛋白质复合物，首先用偶联了细菌蛋白 A/G（protein A/G）的琼脂糖珠（agarose bead）与 X 蛋白抗体孵育，因为 protein A/G 能够与抗体的 Fc 片段结合，因此可以形成“琼脂糖-A/G-抗体”的复合物。将复合物与细胞裂解液孵育，如果 X-Y 为复合物，那么 Y 蛋白会随着 X 蛋白被琼脂糖珠一起沉淀下来。洗涤后，对沉淀的蛋白质进行蛋白质印迹实验，使用 Y 蛋白抗体进行验证，如果有相应条带，即说明两者存在相互作用。

三、免疫共沉淀技术的分类

免疫共沉淀实验通常分 2 种，一种是验证体内天然存在蛋白质-蛋白质相互作用的内源性免疫共沉淀，检测细胞本身含有的 X 蛋白和 Y 蛋白有无相互作用。另一种是通过质粒共转染的方式验证两种蛋白质相互作用的外源性免疫共沉淀，即将X蛋白和Y蛋白在细胞内过表达后，再检测二者有无相互作用。

四、免疫共沉淀技术的应用

免疫共沉淀在生物医学研究中具有广泛的应用。例如，用于研究蛋白质-蛋白质相互作用网络，揭示分子间的相互作用关系；用于筛选药物靶点，发现新的蛋白质交互作用，并进一步研究其功能。

五、免疫共沉淀技术的优缺点

免疫共沉淀技术具有许多优点。首先，该技术能够在细胞内的天然状态下检测蛋白质相互作用，最大程度地模拟生理条件，确保了结果的可靠性和真实性。其次，该技术可以验证细胞环境中蛋白质之间的直接相互作用，有助于深入探究蛋白质复合物的形成和功能。

然而，免疫共沉淀技术也存在一些局限性。一方面，该技术难以检测低亲和力和短暂的相互作用，也不能确切地分辨第三种蛋白质的桥联作用。另一方面，对于低丰度的蛋白质，该技术可能无法有效地检测到它们之间的相互作用。此外，该技术需要对未知蛋白质有一定了解，检测蛋白质需要有相应的抗体才能够实施。

六、免疫共沉淀技术的基本流程

免疫共沉淀技术的基本步骤包括：细胞或组织的裂解，抗体与目标蛋白的结合，免疫共沉淀复合物和分析沉淀的蛋白质等步骤（图1-6）。

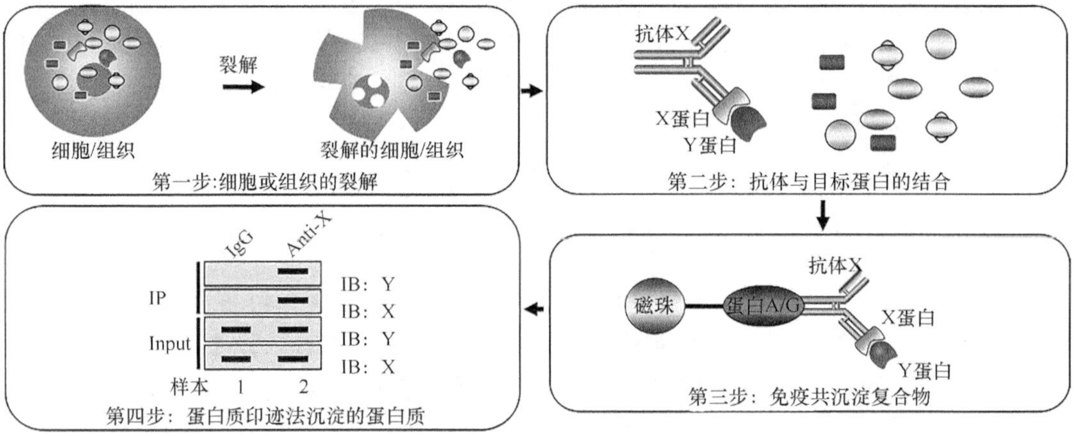

图1-6 免疫共沉淀基本流程

IB：immunoblotting（免疫印迹），即常规的蛋白质印迹法，用于检测目标蛋白。IP：immunoprecipitation（免疫沉淀），这一步主要是为了纯化富集目的蛋白。Input：全细胞裂解液，可认为是阳性组。Anti-X：X蛋白的免疫共沉淀抗体。IgG：Anti-X的同型对照抗体

1. 细胞或组织的裂解 在实验操作中，首先需要裂解细胞或组织，以释放目标蛋白及其相互作用的蛋白质。裂解过程中需要添加蛋白酶抑制剂和磷酸酶抑制剂，以保护蛋白质的完整性。

2. 抗体与目标蛋白的结合 选择商业化的抗体或自行制备抗体，加入到裂解液中，添加适当的缓冲液，使抗体与蛋白质充分结合。

3. 免疫共沉淀复合物 通常使用具有特异性结合抗体能力的蛋白A/G琼脂糖珠或磁珠作为沉淀剂，可以将抗体-蛋白质复合物沉淀下来。此后，通过多次洗涤琼脂糖珠或磁珠，去除非特异性结合的蛋白质和其他杂质，从而提高纯度。

4. 蛋白质印迹法分析沉淀的蛋白质 将沉淀样品重悬于电泳上样缓冲液中，煮沸离心收集上清液，对上清液进行蛋白质印迹实验。

第八节　干扰技术

RNA 干扰（RNA interference，RNAi）是近年来生命科学领域最为重大的发现之一。RNAi 是指由双链 RNA（double-stranded RNA，dsRNA）诱发导致同源 mRNA 高效特异性降解的现象，是真核生物中一种普遍存在且非常保守的机制，是发生在细胞中调节基因表达的一个自然生物过程。近些年来 RNAi 研究取得了突破性进展，使用 RNAi 技术可以特异性剔除或关闭特定基因的表达，所以 RNAi 技术已被广泛用于医学研究的众多领域，如探索基因功能、传染性疾病及恶性肿瘤的治疗等。

一、干扰技术的发现

RNAi 首先由安德鲁·法尔（Andrew Fire）等在研究秀丽隐杆线虫反义 RNA（antisense RNA）的过程中发现，他将 dsRNA 注射到线虫体内，发现可抑制序列同源基因的表达，于是将这一现象命名为 RNAi。这种抑制主要作用于转录之后，所以又称为转录后基因沉默（post transcriptional gene silencing，PTGS）。RNAi 在不同物种中有不同的表现形式，如植物中的 PTGS、共抑制及 RNA 介导的病毒抗性、真菌的抑制（quelling）现象等。

1992 年，罗马诺（Romano）和克雷格·马奇诺（Craig Macino）发现在粗糙链孢霉中导入外源基因可以抑制具有同源序列的内源基因的表达。2006 年，Andrew Fire 与克雷格·梅洛（Craig Mello）因发现“RNA 干扰机制-双链 RNA 沉默基因”而获得诺贝尔生理学或医学奖。

二、RNAi 的作用机制

外源性基因（病毒基因、人工转入基因、转座子等）随机整合到宿主细胞基因组时，可利用宿主细胞进行转录，常产生一些 dsRNA。宿主细胞对这些 dsRNA 迅速产生反应，细胞质中的核酸内切酶 Dicer 将 dsRNA 切割成多个 21～23bp 的小片段，即干扰小 RNA（small interfering RNA，siRNA）。siRNA 在细胞内 RNA 解旋酶的作用下解链成有义链和反义链，然后反义 siRNA 再与体内一些酶（包括内切酶、外切酶、解旋酶等）组成 RNA 诱导的沉默复合物（RNA-induced silencing complex，RISC）。激活的 RISC 通过碱基配对与外源性基因表达的 mRNA 的同源区进行特异性结合，RISC 具有核酸酶的功能，在结合部位切割 mRNA，被切割后的断裂 mRNA 随即被降解，造成蛋白质无法合成（图 1-7）。siRNA 不仅能通过 RISC 切割同源单链 mRNA，而且还可在 RNA 聚合酶的作用下，作为引物与靶 RNA 结合并形成更多新的 dsRNA，这些新合成的 dsRNA 再被 Dicer 切割产生大量的次级 siRNA，从而使 RNAi 的作用进一步放大，最终将靶 mRNA 完全降解。

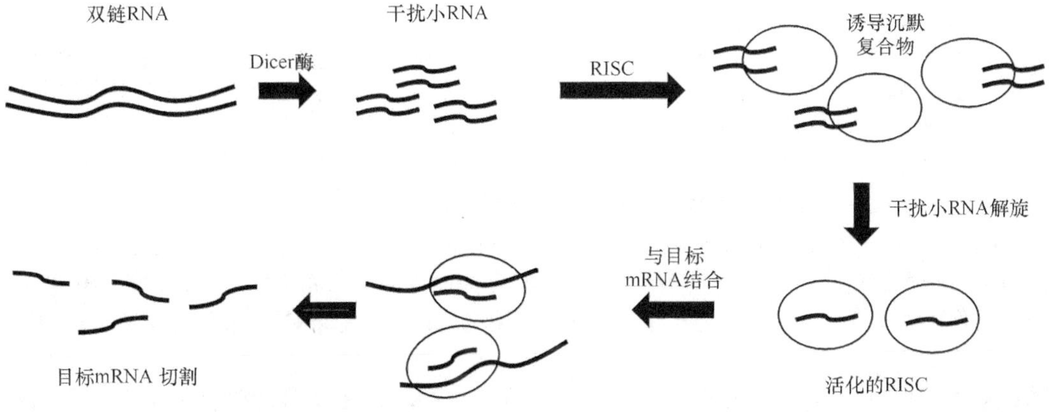

图 1-7　RNA 干扰作用机制

RNAi 发生于真核生物细胞内。值得一提的是，因为 dsRNA 抑制基因表达的效率高，正常机体如果形成 dsRNA 将会引起相应基因的沉默，所以正常机体内有一套严密防止 dsRNA 形成的机制以保证各种基因的有效表达。

三、干扰技术的特点

干扰技术的特点：① RNAi 是转录后水平的基因沉默机制；② RNAi 抑制靶基因表达具有高效性；③ RNAi 具有特异性；④ RNAi 抑制基因表达具有可传播性；⑤ dsRNA 不短于 21 个碱基；⑥ ATP 依赖性；⑦位置效应。

四、其他的 RNAi 分子

除了上面介绍的 siRNA，短发夹 RNA（short hairpin RNA，shRNA）和微 RNA（microRNA，miRNA）也具有 RNAi 作用，它们之间既具有相同之处，也有不同之处。

（一）shRNA

shRNA 由有义链和反义链通过环状序列（loop）隔开共同组成，长度为 19～25nt，可利用载体导入细胞当中，在细胞中经酶切形成 siRNA，通过 RNA 干扰途径调控目标基因。

（二）miRNA

miRNA 是真核生物中广泛存在的一类内源性的具有调控功能的非编码 RNA，大小 20～25nt。成熟的 miRNA 是单链的，由较长的初级转录物经过一系列核酸酶的剪切加工而产生的，随后组装进 RNA 诱导的沉默复合物，通过碱基互补配对的方式识别靶 mRNA，并根据互补程度的不同指导沉默复合物降解靶 mRNA 或者阻遏靶 mRNA 的翻译。miRNA 具有高度的保守性、时序性和组织特异性。有些研究发现，miRNA 表达与多种癌症相关，有些 miRNA 所起的作用类似于抑癌基因和癌基因的功能。目前只有一小部分 miRNA 生物学功能得到阐明，与生命过程中发育、疾病有关，参与细胞生长、组织分化的调节等。

（三）miRNA、siRNA、shRNA 的异同点

（1）miRNA 的主要功能通常是下调基因的表达；siRNA 主要在 RNAi 通路中起作用，干扰靶基因的表达；shRNA 常被用于 RNA 干扰沉默靶基因的表达。

（2）三者的成熟体都是长度在 20～25nt 的小 RNA，siRNA 是 3′ 端有两个游离的碱基，5′ 端有磷酸基团的双链 RNA，shRNA 经过加工形成 siRNA，miRNA 则最终形成单链 RNA。

（3）siRNA 一般是人工合成的线性双链 RNA，shRNA、miRNA 则是通过发卡结构形成的局部双链 RNA。siRNA 和 shRNA 的双链区是完全互补配对的，而 miRNA 绝大多数情况下是不完全互补的。

（4）从结构上看 shRNA 和 miRNA 更相似，但 shRNA 在功能上与 siRNA 更接近。shRNA 在细胞内被 Dicer 酶切割后形成 siRNA，通过 siRNA 途径行使干扰功能，而 miRNA 则是通过另一条不同的途径调控目标基因。

（5）miRNA 是内源性的，是生物体长期进化过程中自己形成的一套调控系统；而 siRNA 通常是外源性的，如病毒感染和人工体外合成，通过转染进入人体内。

（6）Dicer 酶对 miRNA 和 siRNA 的加工过程不同，miRNA 是不对称加工，miRNA 仅是剪切 pre-miRNA 的一个侧臂，其他部分降解；而 siRNA 对称地来源于双链 RNA 的前体的两侧臂。

（7）在作用位置上，miRNA 主要作用于靶标基因 3′-UTR，而 siRNA 可作用于 mRNA 的任何部位。

（8）从作用时间上看，siRNA 是瞬时转化，不可遗传，无法长时间维持和检测，而 shRNA 可以整合到细胞基因组中，子代仍能发挥作用。

五、RNAi 的生物学意义

（1）RNAi 是生物自然基因调控的手段之一，对于生物体的发育和基因的调控可能有重要作用。

（2）RNAi 可抑制转座子活动。

（3）RNAi 可防止自身基因序列的过量增殖。

（4）RNAi 可用来抵抗病毒入侵。

（5）RNAi 可以实现多基因突变。

六、干扰技术的应用

RNAi 广泛存在于各种生物中，作为一项新兴生物技术，RNAi 有着广泛的应用前景，如：①基因功能研究；②病毒性疾病的治疗；③遗传性疾病的治疗；④肿瘤的治疗；⑤新药研发。

七、如何选择 RNAi 分子

基于 miRNA、siRNA 和 shRNA 三者之间的差别，可以根据实验目的，判断出选择哪种干扰途径最合适。

（1）细胞便于转染或电穿孔转化，siRNA 能在细胞内产生快速、短暂的基因沉默，如想快速获得结果，或想通过荧光分子或其他分子标记检测小 RNA 的体外实验，首选 siRNA，可直接由生物公司合成。

（2）对于较长期基因沉默、特异性基因沉默和诱导性基因沉默，或者想通过诱导在特定时期产生干扰效应，或者想沉默长半衰期的蛋白，或者想获取能稳定遗传的细胞，则首选 shRNA。

（3）植物基因沉默，或基于 RNAi 的生物性状研究，首选 shRNA。

（4）研究内源非编码小 RNA 的调控，或计划研究一种小 RNA 对某性状所有调控路径的影响，或研究特定 miRNA 的功能和作用机制，或研究 miRNA 海绵（miRNA sponge）的吸附功能首选 miRNA。

（5）目标基因不能够被完全沉默，否则会导致细胞死亡，首选 miRNA。

第九节　图像分析技术

图像分析是从图像中提取有意义的信息，一般利用数学模型并结合图像处理技术来分析底层特征和上层结构，从而提取具有一定智能性的信息。医学和生命科学研究中，会有很多的图像结果，例如电泳图、细胞图、免疫组化图、分子构象图、流式细胞图、动物行为图等。

在基础医学科研中，研究者经常需要分析处理一些科研图像，如电泳图像、杂交图像及计算光密度等。目前，一些公司已开发了实用的图像分析软件，如 Quantity One、BandScan 和 ImageJ 等供研究者使用。

Quantity One 是 BioRad 凝胶成像仪配套的凝胶电泳图分析软件，主要具有条带定量和分子量计算两种功能，它可以对泳道及条带进行自动判定，也可以人工增加或删除条带，或调整灵敏度来达到最佳识别。软件可以对条带面积和密度进行计算，将面积乘以密度得到条带定量结果。如果要对条带进行分子量计算，则首先要让软件识别 Marker 泳道，并将 Marker 的分子量信息输入软件，然后根据提示操作，即可以计算目的蛋白质的分子量。

BandScan 是一款常用的凝胶电泳条带分析软件，可通过图像扫描，手动或自动定位条带，并可进行杂点去除、电泳迁移校正，直接进行分子量、百分比、质量、波峰等方面的凝胶图像分析，并将数据以 Excel 文件形式导出。

ImageJ 是一款简单常用的条带定量和细胞计数软件，它支持大部分常见图片格式。以分析 Western blotting 条带定量为例，首先打开软件（图 1-8A），导入要分析的图像（图 1-8B），然后点击 rectangular selection，把要分析的条带选中，点击 Analyze→Gels→Selection first lane，显示框中的条带（图 1-8C）。接着点击 Analyze→Gels→Plot lanes，条带被转换成峰图（图 1-8D），切分峰图中的各个峰。最后点击工具栏的魔法棒，依次点击每个峰图，则得到峰图下面积，即每个条带的值（图 1-8E）。

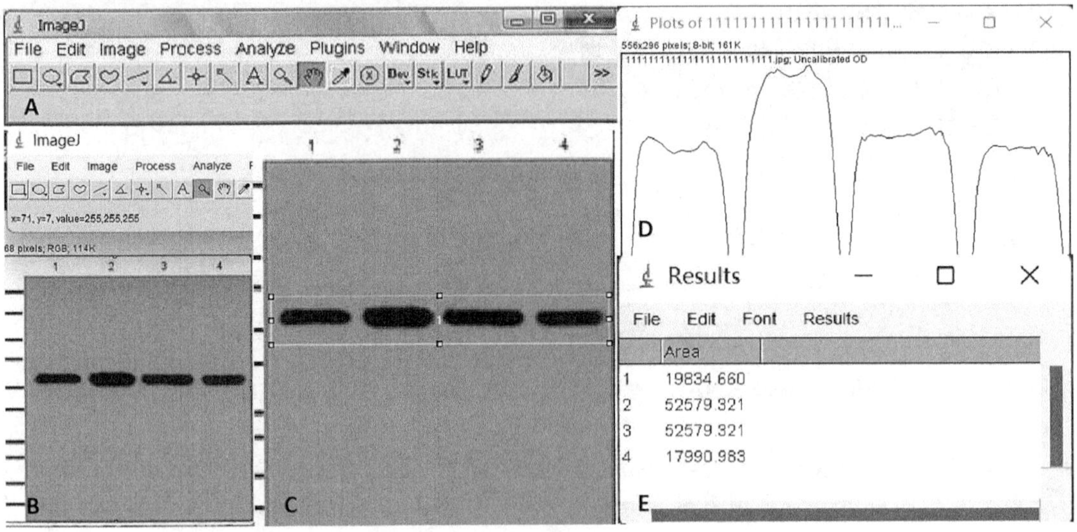

图 1-8　用 ImageJ 软件进行蛋白质定量分析过程

第二篇　生物化学实验

实验一　蛋白质定量测定

【学习目的要求】

1. 掌握蛋白质含量测定原理及分光光度计的使用。
2. 熟悉蛋白质标准曲线的绘制。
3. 了解福林（Folin）-酚试剂法、双缩脲法、考马斯亮蓝染色法、紫外分光光度法等蛋白质定量方法的优缺点。

【实验教学内容】

一、福林（Folin）-酚试剂法［劳里（Lowry）法］

（一）实验目的

熟悉并掌握Folin-酚试剂法测定蛋白质含量的原理和操作过程。

（二）实验原理

Folin-酚试剂是指磷钼酸-磷钨酸，它在 Cu^{2+} 的催化下，可被蛋白质中的半胱氨酸、酪氨酸、色氨酸和组氨酸等还原，失去部分氧原子，产生深蓝色的钼蓝和钨蓝混合物。在一定的浓度范围内，所形成蓝色的深浅与蛋白质含量之间有线性关系，可用于蛋白质含量的测定，测定范围一般为20～250μg。该方法是检测可溶性蛋白质含量的经典方法。

（三）实验操作

1. 标准溶液的制备　准确取一定量的牛血清白蛋白（BSA），用蒸馏水配制为0.2mg/mL的标准溶液。

2. 待测样品的制备　取待测血清0.1mL，置于50mL容量瓶中，再加蒸馏水至刻度，颠倒混匀，此为待测血清标本。

取试管7支，编号，按表2-1操作。

表2-1　Folin-酚试剂法操作过程

加入物（mL）	空白管	1	2	3	4	5	待测管
标准BSA	—	0.2	0.4	0.6	0.8	1.0	1.0（待测标本）
蒸馏水	1.0	0.8	0.6	0.4	0.2	—	—
碱性铜溶液	3.0	3.0	3.0	3.0	3.0	3.0	3.0
混匀后室温放置20min							
酚试剂	0.5	0.5	0.5	0.5	0.5	0.5	0.5

迅速混匀各管，15min后，以空白管调零，在波长650nm比色，读取吸光度值。

（四）结果计算

在坐标纸上以标准蛋白质浓度为横坐标，各管的吸光度值为纵坐标作图，绘制标准曲线。根据待测管的吸光度值和标准曲线，读出对应的横坐标值。再根据稀释倍数计算血清样品蛋白含量。

也可以用 Excel 等作图软件进行作图，得出标准方程和相关系数（R^2）。如果 $R^2>0.99$ 表明相关性高，线性好。根据标准方程和稀释倍数计算待测血清样品蛋白含量。

（五）注意事项

各管加酚试剂后迅速摇匀，不应出现浑浊。如果溶液或样品中含有带“—CO—NH_2”“—CH_2—NH_2”和“—CS—NH_2”基团的化合物，或者含有氨基酸、Tris、核酸、蔗糖、硫酸铵、巯基及酚类等化合物时，应用本方法会产生干扰。

为减少显色反应时间带来的误差，Folin-酚试剂的加入顺序和最后测定吸光度的顺序应一致，且间隔时间尽量相同。

（六）试剂与器材

1. 碱性铜溶液 甲液：Na_2CO_3 2g 溶于 100mL 0.1mol/L NaOH 中。乙液：$CuSO_4\cdot 5H_2O$ 0.5g 溶于 100mL 1% 酒石酸钾溶液中。临用前配制应用液：取甲液 50mL 与乙液 1mL 混合。

2. 酚试剂 取 $Na_2WO_4\cdot 2H_2O$ 100g 和 $Na_2MoO_4\cdot 2H_2O$ 25g 加入蒸馏水 700mL 充分溶解后，再加 85% H_3PO_4 50mL 和 HCl 100mL。将上述溶液充分混合后，置于 1.5L 圆底烧瓶中温和地回流 10h 再加硫酸锂（$Li_2SO_4\cdot H_2O$）150g，水 50mL 及溴水数滴。继续沸腾 15min 以去除剩余的溴，冷却后用蒸馏水稀释至 1000mL。然后过滤，溶液应呈黄色或金黄色（如带绿色者不能用），置于棕色瓶中保存。使用时用标准 NaOH 滴定，以酚酞为指示剂，然后稀释约一倍，使最后浓度为 1mol/L。

3. 器材 移液器、试管、分光光度计等。

二、双缩脲法

（一）实验目的

熟悉双缩脲法测定蛋白质含量的原理。

（二）实验原理

双缩脲 $H_2N-\overset{\overset{\displaystyle O}{\|}}{C}-NH-\overset{\overset{\displaystyle O}{\|}}{C}-NH_2$ 是由两分子尿素缩合，放出 1 分子氨后得到的产物。在碱性溶液中，可与 $CuSO_4$ 作用形成紫红色的络合物，称为双缩脲反应。凡具有两个或两个以上的酰胺基或肽键（—CO—NH—）的化合物都有双缩脲反应。蛋白质分子中因含有很多的肽键，故所有蛋白质都有双缩脲反应。在一定的浓度范围内，紫色络合物颜色的深浅与蛋白质含量成正比，与蛋白质分子量及氨基酸成分无关，因此可作蛋白质定量测定。本法操作简便、迅速，受蛋白质特异性影响较小，测定范围为 1～10mg 蛋白质，但灵敏度较差，适用于快速测定。

（三）实验操作

1. 标准溶液的制备 用蒸馏水配制蛋白质标准液，浓度为 0.5mg/mL。

2. 待测样品制备 准确量取待测血清 1.0mL，置于 100mL 容量瓶内，加蒸馏水至刻度，此为待测血清标本。

取试管 8 支，按表 2-2 操作。

表 2-2 双缩脲法操作方法

加入物（mL）	空白管	1	2	3	4	5	6	待测管
蛋白质标准液	—	0.5	1.0	1.5	2.0	2.5	3.0	3.0（待测标本）
蒸馏水	3.0	2.5	2.0	1.5	1.0	0.5	—	—
碱性铜试剂	2.0	2.0	2.0	2.0	2.0	2.0	2.0	2.0

将各管混匀后，立即用分光光度计测定波长 540nm 的吸光度值，用空白管调零，记录各管吸光度值。以蛋白质浓度为横坐标，吸光度值为纵坐标，绘制出标准曲线。

如同上文介绍的方法，根据标准曲线求出血清蛋白质含量。

（四）注意事项

Tris 缓冲液和硫酸铵对本方法的测定有一定干扰。

（五）试剂与器材

1. 碱性铜试剂 称取 1.75g 硫酸铜（$CuSO_4 \cdot 5H_2O$）溶解于 50mL 蒸馏水中，置于 1000mL 容量瓶中，加入浓氨水 300mL，冰冷的蒸馏水 300mL 及饱和 NaOH 溶液 200mL，混匀后，放置使溶液温度降室温，以蒸馏水稀释至刻度，摇匀。此试剂在室温下可以放置 3～4 个月不影响显色。

2. 器材 移液器、试管、分光光度计等。

三、考马斯亮蓝染色法

（一）实验目的

掌握考马斯亮蓝法［又称布拉德福德法（Bradford 法）］测定蛋白质含量的原理和操作方法。

（二）实验原理

考马斯亮蓝 G-250（Coomassie brillant blue G-250，CBBG-250）是一种蛋白质染料，在酸性溶液中为棕红色。当它与蛋白质碱性氨基酸（特别是精氨酸）和芳香族氨基酸结合时，会形成蓝色复合物，其最大吸收峰由波长 465nm 变为波长 595nm。在一定范围内，其吸光度与蛋白质含量呈线性关系，故可用于蛋白质含量的测定。本法操作简便、快速、灵敏度高、重复性好。

（三）实验操作

1. 标准蛋白稀释液的制备 准确称取 BSA 0.2g，用蒸馏水溶解并稀释至 2000mL，制备为 0.1mg/mL 的标准蛋白稀释液。

2. 样品稀释液的制备 取样品 0.25mL 置于 50mL 容量瓶中，加蒸馏水至刻度，摇匀即为稀释样品（此时样品稀释 200 倍）。

取试管 7 支，按表 2-3 操作。

表 2-3 考马斯亮蓝染色法操作方法

加入物（mL）	空白管	1	2	3	4	5	待测管
标准蛋白稀释液	—	0.2	0.4	0.6	0.8	1.0	0.2（稀释样品）
蒸馏水	1.0	0.8	0.6	0.4	0.2	—	0.8
染色液	4.0	4.0	4.0	4.0	4.0	4.0	4.0

摇匀，室温静置 3min，以空白管调零，于波长 595nm 处比色，读取吸光度值，以各管吸光度为纵坐标，各蛋白质标准浓度为横坐标作图得到标准曲线。

$$未知样品蛋白质浓度（mg/mL）= 稀释样品浓度 \times 稀释倍数$$

（四）注意事项

当样品中存在大量的 SDS、TritonX-100 等去污剂时，显色反应会受到干扰，如样品缓冲液呈强碱性时也会影响显色。考马斯亮蓝染色能力很强，比色杯应清洗干净，否则会影响吸光度值，注意不可用石英比色杯。

本法为常量法，蛋白质含量的检测范围以 0.01～0.1mg/mL 为宜。

（五）试剂与器材

1. 染色液 称取 CBBG-250 染料 0.1g 溶于 50mL 95% 乙醇中，再加入 100mL 80%（*W/V*）磷酸，然后加蒸馏水定容至 1000mL。染色液不宜久贮，以 1～2 个月为宜。若不加水可长期保存，临用前再稀释。

2. 器材 移液器、容量瓶、试管、分光光度计等。

四、紫外分光光度法

（一）实验目的

掌握紫外分光光度法测定蛋白质含量的原理及方法。

（二）实验原理

蛋白质在波长 275～280nm 及 200～250nm 两个紫外区有光吸收。前者吸收与蛋白质分子中含有共轭双键的酪氨酸、色氨酸和苯丙氨酸残基有关，后者吸收主要依赖于蛋白质分子的肽键。在波长 280nm 或 215/225nm 处测定吸光度。在一定范围内，蛋白质溶液的吸光度值与浓度成正比，基于此可用于蛋白质的含量测定。此法操作简便、快速，测定样品可以回收，低浓度盐类不干扰测定，故在蛋白质和酶的生化制备中广泛应用。缺点主要是：①当待测的蛋白质与标准蛋白质中的酪氨酸和色氨酸残基含量差异较大时会产生一定的误差，故该法适用于测定与标准蛋白质氨基酸组成相似的样品；②若样品中含有其他在波长 280nm 附近有吸收的物质，如核酸等化合物，就会出现较大的干扰。但是，核酸的吸收高峰在 260nm，因此必须分别测定波长 280nm 和 260nm 两处的吸光度值（用 A_{280} 和 A_{260} 表示），然后通过计算消除核酸对蛋白质的影响，从而得出蛋白质浓度。

（三）实验操作

1. 波长 280nm 和 260nm 的光吸收差法 准确吸取血清 0.1mL 置于 50mL 容量瓶中，用 0.9% NaCl 溶液稀释至刻度，分别测出波长 280nm 和 260nm 两处的吸光度值，再由下列经验公式算出该溶液的蛋白质浓度。

（1）当 $A_{280}/A_{260}<1.5$ 时，用劳里-卡洛卡（Lowry-Kalokar）公式：蛋白质浓度（mg/mL）= $1.45A_{280}-0.74A_{260}$

（2）当 $A_{280}/A_{260}\geqslant1.5$ 时，用瓦尔堡-克里斯汀（Warburg-Christian）公式：蛋白质浓度（mg/mL）= $1.55A_{280}-0.76A_{260}$

2. 波长 280nm 和 260nm 的标准曲线法

（1）标准曲线制作：取试管 9 支，按表 2-4 操作。

表 2-4 紫外分光光度法操作方法

加入物	空白管	1	2	3	4	5	6	7	待测管
蛋白质标准液（mL）	—	0.5	1.0	1.5	2.0	2.5	3.0	4.0	1.0（待测标本）
0.9% NaCl 溶液（mL）	4.0	3.5	3.0	2.5	2.0	1.5	1.0	—	3.0
蛋白质含量（mg/mL）	—	0.125	0.25	0.375	0.5	0.625	0.75	1.00	

混匀后，选用直径为 1.0cm 的石英比色杯，以空白管调零，波长 280nm 处，分别测定各管溶液的吸光度值。以吸光度值为纵坐标，蛋白质浓度为横坐标，绘制出血清蛋白标准曲线。

（2）样品的测定：取待测血清用 0.9% NaCl 溶液稀释，使其浓度在蛋白质标准曲线范围内。混匀后，按标准曲线测定方法测定吸光度值，根据标准曲线查出蛋白质浓度。

本法测定蛋白质浓度范围为 0.1～1.0mg/mL。

3. 波长 215nm 和 225nm 的光吸收差法　对于稀释蛋白质溶液，可用波长 215nm 和 225nm 的光吸收差法。将血清蛋白用 0.9% NaCl 溶液作 100 倍稀释，读取波长 215nm 和 225nm 两处的吸光度值，利用沃德尔（Waddell）提出的经验公式计算：蛋白质浓度（mg/mL）= $0.144(A_{215}-A_{225})$。

蛋白质浓度为 0.02～0.1mg/mL 时，用波长 215nm 和 225nm 光吸收差法测得的吸光度服从 Lambert-Beer 定律。

（四）注意事项

1. 本法需用石英比色杯比色。

2. 由于蛋白质的紫外吸收高峰常因 pH 的改变而变化，因此使用本法时要特别注意溶液的 pH，最好与标准曲线制定时的 pH 一致。

（五）试剂与器材

1. 蛋白质标准溶液　准确称取 BSA，用 0.9% NaCl 溶液配制成 1mg/mL。

2. 器材　试管、刻度吸管、紫外分光光度计、石英比色杯等。

五、BCA 法

（一）实验目的

学习 BCA 法测定蛋白质含量的原理与操作过程。

（二）实验原理

二喹啉甲酸（bicinchoninic acid，BCA）在碱性条件下，可以和 Cu^{+} 结合形成稳定的紫蓝色复合物（图 2-1）。BCA 法是 Lowry 法的改进方法，碱性条件下蛋白质将 Cu^{2+} 还原成 Cu^{+}，BCA 螯合 Cu^{+} 作为显色剂，产生蓝紫色复合物并在波长 562nm 处有吸收峰，单价 Cu^{+} 与蛋白质呈剂量相关性。可以根据待测蛋白在波长 562nm 处的吸光度值计算待测蛋白浓度。

$$\text{蛋白质} + Cu^{2+} \xrightarrow{OH^-,\ \text{还原}} Cu^{+}$$

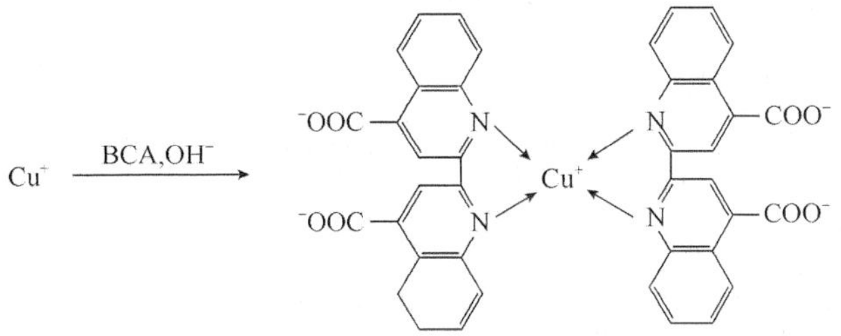

图 2-1　BCA 法实验原理

（三）实验操作

1. BSA 标准蛋白质溶液的制备　配制 1mg/mL BSA 母液。

2. BCA 工作液的制备　计算所需工作液的总体积，BCA 工作液是将 BCA 试剂 A 和试剂 B 按 50∶1 的比例混合（混合液是绿色澄清溶液）。

3. 样品与 BCA 工作液的比例为 1∶20。按表 2-5 加入标准样和未知蛋白样品。

表 2-5　BCA 法操作方法

加入物（mL）	空白管	1	2	3	4	5	待测管
标准蛋白质溶液	—	0.02	0.04	0.08	0.1	0.12	0.1（待测标本）
蒸馏水	0.2	0.18	0.16	0.12	0.1	0.08	0.1
BCA 工作液	4	4	4	4	4	4	4

4. 将上述各试管混匀后置于恒温水浴锅中 37℃保温 30min。

5. 用分光光度计测定波长 562nm 处吸光度值。

6. 以蛋白质含量或者浓度为横坐标，吸光度值为纵坐标绘制标准曲线。

（四）注意事项

1. 与 Lowry 法相比，采用 BCA 法时，如果样品中含有脂类物质将明显提高吸光度值。

2. 在含巯基试剂和螯合剂 EDTA 或 EGTA 溶液中 BCA 呈色发生变化。

（五）试剂与器材

1. 试剂 A 将 1% BCA 二钠盐、2% Na_2CO_3、0.16% 酒石酸钠、0.4% NaOH、0.95% $NaHCO_3$ 混合后，pH 调节到 11.25。

2. 试剂 B 4% $CuSO_4$ 溶液。

3. BCA 工作液 将试剂 A 和试剂 B 先分别摇匀，然后按照 50∶1 的比例配制 BCA 工作液，之后再充分混匀并在 24h 内使用。

4. 器材 试管、微量移液器、吸管、可见光分光光度计、比色杯等。

（六）方法优缺点

1. 优点

（1）此方法被广泛选用，操作简便、准确，灵敏度高，试剂稳定性好。

（2）不易受一般浓度去污剂影响，抗干扰能力强。

（3）检测不同蛋白质分子的变异系数小于考马斯亮蓝法。

（4）在 20～2000μg/mL 浓度范围具有良好的线性关系。

2. 缺点

（1）可能会受螯合剂和高浓度还原剂的影响。

（2）需要 30min 或者更长时间的恒温水浴孵育。

【课堂作业】

记录实验结果，书写实验报告。

【复习思考题】

1. 蛋白质含量测定的方法有几种？哪几种方法是比色法？
2. 简述各种测定方法的适用范围？
3. 影响 Folin-酚试剂法测蛋白质含量的因素？
4. 请思考各种蛋白质含量测定方法的优缺点和适用性。
5. 有一份早餐奶，它标出的蛋白质含量是＞1.5%，请设计实验检测蛋白质含量是否达标？

【参考文献】

甘淋, 李娟, 何涛, 等, 2004. 几种蛋白质含量测定方法的比较研究. 泸州医学院学报, 27(6): 500-502.

郭颖娜, 孙卫, 2008. 蛋白质含量测定方法的比较. 河北化工, 31(4): 36-37.

邵泓, 吕晶, 陈钢, 2011. 蛋白质含量测定方法的规范化研究. 中国药品标准, 2(2): 135-138.

附：

不同蛋白质测定方法的优缺点及适用性比较

方法	优点	缺点	适用性
紫外分光光度法	①简单快捷 ②不消化样品（可回收） ③低浓度盐不干扰测定	①如果待测品与标准蛋白质的酪氨酸、色氨酸含量差异大，则误差较大 ②核酸及嘌呤、嘧啶有紫外吸收，产生干扰	①适用于测定与标准蛋白质氨基酸组成相似的蛋白质 ②多用于柱层析洗脱蛋白质的检测
双缩脲法	①测定速度快 ②干扰物较少 ③不同蛋白质产生颜色深浅相近	常见干扰因素：Tris、部分氨基酸、EDTA、多肽、硫酸铵、草二酰胺	常用于需要快速，但不要求十分精确的测定
Lowry 法	①应用广泛 ②不受脂类物质干扰	干扰物：酚类、柠檬酸和巯基化合物；K^+、Mg^{2+}、Tris 缓冲液、甘油、EDTA、硫酸铵、糖等	适用于脂类含量较高的样品测定，能够耐受一定浓度的去污剂和 SDS
考马斯亮蓝法	①灵敏度高，快速简便 ②干扰物质少，Lowry 法的干扰物不影响本方法	①不同蛋白质可能有较大偏差 ②标准曲线有轻微非线性 ③干扰物：强碱、去污剂、SDS、Triton-X	适用于含常规离子、缓冲液或低浓度小分子的高背景稀释液下的蛋白质含量测定
BCA 法	①常用去污剂 SDS，Triton-X，Tween 不影响 BCA 检测结果 ②干扰少	受螯合剂 EDTA 或 EGTA；高浓度还原剂（DTT、巯基乙醇）、蔗糖、脂类、尿素和 NH_4^+ 影响较大	适用于裂解液中含有去污剂的样品测定

实验二　血清蛋白乙酸纤维素薄膜电泳

【学习目的要求】

1. 掌握乙酸纤维素薄膜电泳分离蛋白质的基本原理。
2. 熟悉血清蛋白乙酸纤维素薄膜电泳的操作，具有分析实验结果的能力。
3. 了解乙酸纤维素薄膜电泳分析血清蛋白与临床疾病之间的内在关联。

【实验教学内容】

（一）实验原理

血清中各种蛋白质的等电点大都低于 pH 7.0。在 pH 8.6 的缓冲液中，绝大多数血清蛋白可电离带负电荷，在电场中向正极移动。血清中各种蛋白质等电点不同，在同一 pH 下所带电荷量不同，在同一电场强度下所受到的作用力大小不同。此外，由于各种蛋白质的分子形状与分子大小也不相同，在同一电泳介质中受到的阻力大小也不同。一般说来，蛋白质分子带的净电荷量越多、分子越小、分子形状越趋近于球形，泳动速度越快。因此，电泳可以依据蛋白质在等电点、分子形状及大小等方面的差异，实现蛋白质的分离。乙酸纤维素薄膜是常用的电泳支持物。它具有电渗小、分离速度快、区带清晰、操作简便等优点。

本实验以乙酸纤维素薄膜为电泳支持物，实现血清蛋白质的分离。一般情况下，可将血清蛋白质分离为白蛋白、α_1 球蛋白、α_2 球蛋白、β 球蛋白及 γ 球蛋白五个区带。蛋白质染色剂氨基黑 10B 可特异性地与乙酸纤维素薄膜上的蛋白质进行结合，其结合的染料量与蛋白质含量成正比。因此可通过图像分析软件或NaOH洗脱染色剂联合分光光度比色进行各区带蛋白相对含量的测定。

（二）实验操作

1. 准备与点样

（1）将薄膜切成 2.5cm×8cm 的小片。在薄膜无光泽面距一端 1.5cm 处用铅笔画一线，表示点样位置。

（2）将薄膜无光泽面向下，漂浮于电泳缓冲液中，使膜条自然浸湿下沉，浸泡 1h 以确保薄膜完全浸透，膜条颜色均匀无白斑。

（3）将充分浸透的膜条取出，用滤纸吸去薄膜表面多余的缓冲液。

（4）吸取少量血清滴于玻璃板上，用钢口加样器或盖玻片蘸取样品，然后平直印于膜条无光泽面上，待血清全部渗入膜条内，移开点样器。

2. 电泳　将点样后的膜条置于电泳槽架上，无光泽面（即点样面）朝下，点样端置于阴极。槽架上四层滤纸做桥垫，膜条与滤纸需贴紧，等平衡 5min 后通电，调节电压为 90～110V，电流为 0.4～0.6mA/cm（宽），通电 1h 左右关闭电源。

3. 染色　电泳完毕后用镊子将薄膜取出，直接浸于盛有氨基黑 10B 的染色液中，染色 5min 后取出。将经过染色的薄膜浸入漂洗液，反复漂洗，直至背景均匀漂净。

4. 定量　取试管 6 支，分别编好序号并加入 0.4mol/L NaOH 溶液 4mL。剪开薄膜上各条蛋白色带（注意各组薄膜大小应趋于一致），同时于空白部位剪一薄膜条作为对照。将各薄膜条分别浸于上述试管内，不断摇动，促进蓝色染剂洗脱，直至薄膜条完全脱色（过程约半小时）。用分光光度计进行比色，在波长为 650nm 的红光下，以空白薄膜条洗出液为空白对照，检测白蛋白、α_1 球蛋白、α_2 球蛋白、β 球蛋白及 γ 球蛋白各组洗脱液的吸光度值。

（三）结果计算

吸光度值总和 $T = A+\alpha_1+\alpha_2+\beta+\gamma$

各部分蛋白质的构成比为：白蛋白百分比含量 =A/T，α_1 球蛋白百分比含量 =α_1/T，以此类推，计算各蛋白质的构成比。

（四）临床意义

1. 正常值　白蛋白：57%～72%；α_1 球蛋白：2%～5%；α_2 球蛋白：4%～9%；β 球蛋白：6.5%～12%；γ 球蛋白：12%～20%。

2. 肝硬化时白蛋白显著降低，γ 球蛋白升高 2～3 倍，肾病综合征时白蛋白降低，α_2 球蛋白和 β 球蛋白升高。

（五）试剂与器材

1. 电泳缓冲液　①巴比妥缓冲液（pH 8.6）：巴比妥钠 15.458g，巴比妥 2.76g，用蒸馏水溶解并定容至 1000mL；②硼酸缓冲液（pH 8.6）：硼酸 6.7g，硼砂（$Na_2B_4O_7 \cdot 10H_2O$）13.4g，用蒸馏水溶解并定容至 1000mL。以上 2 种缓冲液任选其中 1 种。

2. 氨基黑 10B 染色液　取氨基黑 10B 0.5g、冰醋酸 10mL 及甲醇 50mL，混匀后加蒸馏水至 100mL。

3. 漂洗液　取 95% 乙醇 45mL，加冰醋酸 5mL，混匀后，加蒸馏水至 100mL。

4. 器材　乙酸纤维素薄膜、点样器或盖玻片、电泳仪、电泳槽、试管、分光光度计、微量移液器及配套吸头、剪刀、镊子等。

（六）示范性操作

点样器的使用；电泳仪的使用；染色过程。

（七）设计性实验

现有兔血清蛋白样本及人血清蛋白样本各 2mL。请设计实验方案以对比兔血清蛋白与人血清蛋白的组成及构成比。

【课堂作业】

记录实验结果，书写实验报告。

【复习思考题】

1. 什么是蛋白质的等电点？如何检测蛋白质的等电点？
2. 影响蛋白质电泳速度的外界因素有哪些？
3. 常见的电泳支持物有哪些？各有哪些优缺点？
4. 临床上血清蛋白定量测定有哪些方法？

【参考文献】

倪培华, 2015. 临床生物化学检验技术实验指导. 北京: 人民卫生出版社.

张立立, 李滨, 2023. 优化血清蛋白醋酸纤维素薄膜电泳实验教学. 实验室科学, 26(6): 11-13.

实验三　SDS-聚丙烯酰胺凝胶电泳（SDS-PAGE）法测定蛋白质分子量

【学习目的要求】

1. 掌握 SDS-PAGE 分离蛋白质的原理。
2. 熟悉实验具体操作和分析结果。
3. 了解 SDS-PAGE 中浓缩效应发生的主要原理。

【实验教学内容】

（一）实验原理

聚丙烯酰胺凝胶是由单体丙烯酰胺（Acr）与交联剂 *N,N'*-亚甲双丙烯酰胺（Bis）在水溶液中由催化剂引发聚合而成的亲水性高聚物，是一种透明而不溶于水并有韧性的凝胶。此凝胶具有机械强度好、弹性大、透明、化学稳定性高、无电渗作用等优点。该方法设备简单、用样量少，分辨率高，并可通过控制单体浓度或单体与交联剂的相对比例来调节凝胶的孔径，可适用于不同分子量物质的分离。

十二烷基硫酸钠（SDS）是一种阴离子去污剂，当其与蛋白质混合且质量比达到 1.4∶1 时，SDS 能破坏蛋白质分子间及与其他物质分子间的非共价键使蛋白质的构象发生变化，继而使蛋白质变性解离成单一亚基，从而降低或消除各种蛋白质分子间的天然电荷差异，形成 SDS-蛋白质负离子。因此，蛋白质分子的迁移率取决于其分子大小。实验证明，蛋白质分子量在 11.7～165kDa 时，SDS-蛋白质复合物的电泳迁移率与蛋白质分子量的对数呈线性关系，符合下列方程：

$$\lg MW = K - bm$$

式中，lgMW 为蛋白质分子量的对数，K、b 均为常数，m 为迁移率。

将已知分子量的标准蛋白质在 SDS-PAGE 中的电泳相对迁移率对分子量的对数作图，即可得到一条标准曲线（表 2-6、图 2-2）。只要测得未知分子量的蛋白质在相同条件下的电泳相对迁移率，就可根据标准曲线求得其分子量。

表 2-6　标准蛋白质电泳结果示例

序号	移动距离（cm）	相对迁移率	MW（kDa）	lgMW
1	1.9	0.36	100	2.00
2	2.4	0.45	70	1.85
3	3.0	0.57	50	1.70
4	3.4	0.64	40	1.60
5	3.9	0.74	30	1.48
6	4.3	0.81	25	1.40
7	5.3	1.00	14	1.10
溴酚蓝	5.3			

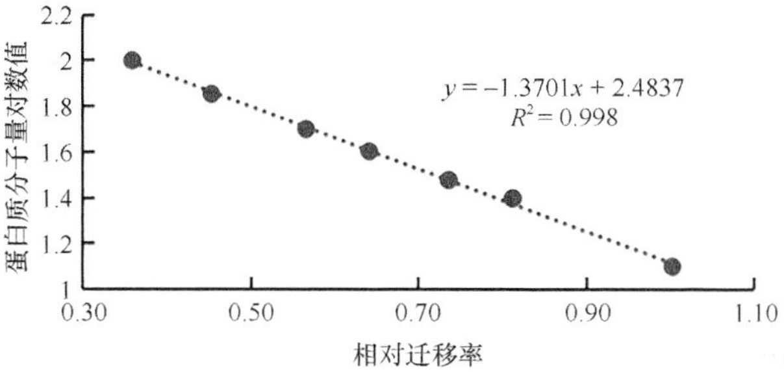

图 2-2　SDS-PAGE 测定蛋白质相对分子量

R^2：线性方程的拟合度

（二）实验操作

1. 制胶

（1）配胶：根据标准蛋白质分子量选择凝胶浓度。分别配制 12% 分离胶（表 2-7）和 5% 浓缩胶（表 2-8）。

表 2-7　SDS-PAGE 分离胶的配制

溶液成分	不同体积（mL）凝胶液中各成分所需体积（mL）	
	10	15
水	3.3	4.9
30% 丙烯酰胺溶液	4	6
1.5mol/L Tris-HCl 缓冲液（pH 8.8）	2.5	3.8
10% SDS 溶液	0.1	0.15
10% 过硫酸铵溶液!	0.1	0.15
TEMED!	0.004	0.006

注：! 表示加入这两种物质后，要迅速混匀灌胶。TEMED：四甲基乙二胺。溶液的总体积为近似值。

表 2-8　SDS-PAGE 浓缩胶的配制

溶液成分	不同体积（mL）凝胶液中各成分所需体积（mL）			
	5	6	8	10
水	3.4	4.1	5.5	6.8
30% 丙烯酰胺溶液	0.83	1.00	1.30	1.70
1mol/L Tris-HCl 缓冲液（pH 6.8）	0.63	0.75	1.0	1.25
10% SDS 溶液	0.05	0.06	0.08	0.10
10% 过硫酸铵溶液!	0.05	0.06	0.08	0.10
TEMED!	0.005	0.006	0.008	0.010

注：! 表示加入这两种物质后，要迅速混匀灌胶。TEMED：四甲基乙二胺。溶液的总体积为近似值。

（2）安装电泳槽及灌胶：将清洗后的两块干燥玻璃板重叠放置，使两块玻璃板之间形成夹层。将玻璃板安装在电泳槽上，固定。下端用密封垫或密封条封住，用蒸馏水测试密封情况，确保没有液体漏出。将配好的分离胶溶液用玻璃滴管加入玻璃板夹层中，注意不要灌入气泡。夹层中分离胶溶液至短玻璃板上端约 3cm 时停止灌胶，可以轻轻振动电泳槽，使夹层中分离胶溶液液面平整。用注射器或者移液器吸取适量蒸馏水或异丙醇，轻轻铺在分离胶表面。加水的目的是隔离空气中的氧，并使凝胶表面平整。操作时注意尽量不要搅动凝胶液以保证凝胶的正常聚合并形成平坦的表面。

（3）聚合及配制浓缩胶：常温静置15～30min，当水封层与凝胶面之间出现一条明显的分界线时，即表示凝胶已经聚合完全。倒去水层，用滤纸伸入到夹层，吸去多余的蒸馏水，同法灌入浓缩胶，凝胶高度与短玻璃板齐平，根据夹层厚度，插入对应规格的梳子。室温放置10～20min等待聚合。

2. 蛋白质样品的处理 若待测蛋白质是固体，则称取该样品1.0mg，加入蒸馏水或缓冲液1mL溶解，然后加入1mL的2× 样品缓冲液，煮沸处理。若待测蛋白质样品是水溶液，且样品浓度在10mg/mL以上，可以稀释至大约1mg/mL，再加入1mL的2× 样品缓冲液，在100℃水浴中保温3～5min。样品冷却后12 000r/min离心2min。

3. 加样 浓缩胶凝固后，拔掉梳子。用微量进样器分别取已经处理过的蛋白质样品8～20μL，蛋白Marker 5μL，在梳孔顶部加样。由于样品中含有甘油，比重大于电极缓冲液，样品液可自动沉降至样品孔底部。待测蛋白质样品需与标准分子量蛋白质Marker同时上样电泳。

4. 电泳 将内槽接负极，外槽接正极。在浓缩胶部分进行电泳时，电泳的条件设置为电压40～60V。待溴酚蓝到达分离胶后，升高电压至100～150V。当溴酚蓝即将迁移出分离胶下端时即停止电泳。

5. 剥胶 取下玻璃板，用剥胶铲将玻璃撬开，小心将夹层中的凝胶剥出，放在染色盘中，测量溴酚蓝移动的距离（从分离胶开始）。

6. 染色与脱色 在染色盘中加入考马斯亮蓝R250染色液，至水平摇床上摇动1h或过夜。弃去染色液（染色液可以回收使用），加入适量脱色液，水平摇床上脱色20min，更换脱色液3～5次，至凝胶背景透明，蛋白质条带清晰为止。凝胶在脱色液中会出现收缩的现象，可将凝胶转入蒸馏水中，浸泡10～30min至原来大小。

7. 测量 脱色后的凝胶置于白色背景下，用直尺测量蛋白质条带迁移距离（以分离胶顶端为原点）。如有条件，可对实验结果用专业成像系统拍照，凝胶图谱可以用电泳分析软件（如Quantity One、Bio-rad）进行分子量大小、含量分析。

（三）数据处理

1. 电泳迁移率的计算 按下列公式计算蛋白质样品的相对迁移率（M_R）：

$$M_R = \frac{\text{蛋白质样品移动距离}}{\text{指示剂溴酚蓝移动距离}}$$

2. 标准曲线的制作 以蛋白Marker各条带的相对迁移率为横坐标，蛋白质分子量的对数为纵坐标，在坐标纸上作图，可得出一条标准曲线。

或打开Excel或其他作图软件，分别输入蛋白Marker的相对迁移率和对应分子量，选择数据并插入散点图，添加趋势线，右击鼠标显示方程式（$y=kx+b$）和R^2值。

3. 计算待测蛋白质样品的分子量 根据待测蛋白质样品的相对迁移率直接从标准曲线上可查得该蛋白质分子量，或通过方程式计算，把待测样品迁移率代入即可计算出其分子量大小。

（四）试剂与器材

1. 1.5mol/L pH 8.8 Tris-HCl缓冲液 称取Tris 18.15g，用1mol/L HCl调pH至8.8，加蒸馏水至100mL，4℃保存。

2. 1mol/L pH 6.8 Tris-HCl缓冲液 称取Tris 12.14g，用1mol/L HCl调pH至6.8，加蒸馏水至100mL，4℃保存。

3. 10% SDS溶液 称取SDS 1g，加蒸馏水10mL，加热溶解。

4. 5× 电泳缓冲液（pH 8.3） 称取Tris 3.78g，Gly 23.50g，SDS 1.25g，加去离子水250mL溶解，用时稀释5倍。

5. 2× 样品缓冲液 取SDS 2g，β-巯基乙醇1mL，溴酚蓝10mg溶解于2mL蒸馏水中，并加入浓缩胶缓冲液4.0mL和甘油3mL，充分混合。

6. 30% 凝胶贮备液　称取 29.0g 丙烯酰胺，1g *N,N'*-亚甲双丙烯酰胺，溶于蒸馏水并定容至 100mL，滤去不溶物后置棕色瓶内，4℃贮存。

7. 10% 过硫酸铵溶液　称取过硫酸铵 1g，溶于 10mL 蒸馏水中，临用前配制。

8. 四甲基乙二胺（TEMED）　购自商业公司。

9. 0.25% 考马斯蓝染色液　称取 0.5g 考马斯亮蓝 R250，溶于 200mL 脱色液中。

10. 脱色液　取冰醋酸 100mL，蒸馏水 400mL，乙醇 500mL 充分混合。

11. 标准蛋白质样品　已知分子量的蛋白质或者蛋白质组合试剂。

12. 器材　微量移液器及配套吸头、染色缸、脱色缸、刻度尺、电泳仪、制胶模具、垂直电泳槽、水平摇床、离心机等。

【课堂作业】

观察实验结果，完成实验报告。

【复习思考题】

1. 比较 SDS-PAGE 与乙酸纤维素薄膜电泳两种电泳方式，它们之间的区别是什么？
2. 在 SDS-PAGE 中，为什么蛋白质的迁移率只和分子量大小有关？

【参考文献】

倪培华, 2015. 临床生物化学检验技术实验指导. 北京: 人民卫生出版社.

实验四　丙二酸对琥珀酸脱氢酶的竞争性抑制

【学习目的要求】

1. 掌握竞争性抑制概念及作用机理。
2. 了解在无氧情况下观察脱氢酶作用的简单方法。

【实验教学内容】

（一）实验原理

抑制剂和酶的底物在结构上相似，可与底物竞争结合同一个酶的活性中心，从而阻碍酶与底物形成中间产物，这种抑制作用被称为竞争性抑制。

存在于心肌、骨骼肌、肝脏等组织中的琥珀酸脱氢酶，能使琥珀酸脱氢而生成延胡索酸，脱下的氢可使亚甲蓝褪色为白色的还原型亚甲蓝。反应原理如下（图 2-3）。

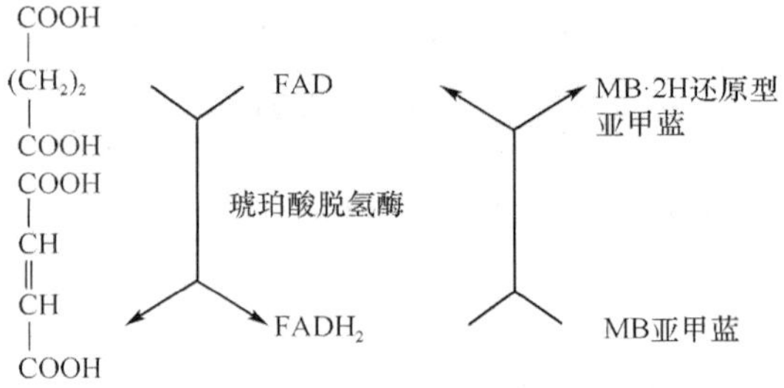

图 2-3　琥珀酸脱氢酶催化反应原理

草酰乙酸、丙二酸等在结构上与琥珀酸相似，可与琥珀酸竞争结合琥珀酸脱氢酶的活性中心。若酶已与丙二酸等结合，则不能再与琥珀酸结合而使之脱氢，产生抑制作用，且抑制程度取决于琥珀酸与抑制剂在反应体系中浓度的相对比例，所以这种抑制是竞争性抑制。本实验通过观察在由不同浓度的琥珀酸与丙二酸组成的反应体系中使等量亚甲蓝褪色的反应时间，从而验证丙二酸对琥珀酸的竞争性抑制作用。

（二）实验操作

1. 制备肝匀浆　取一只小鼠，颈椎脱臼处死后剖腹取肝脏，用 0.9% NaCl 溶液洗去血液并用滤纸吸干。称取肝脏约 1.0g，置于玻璃匀浆器中，加入 pH 7.4 的 0.10mol/L 磷酸盐缓冲液 5.0mL，用玻璃匀浆器制备成肝匀浆，2000r/min 离心 2min，取上清备用。

2. 取 5 支试管分别编号，按表 2-9 配制反应体系。

表 2-9　琥珀酸脱氢酶及其竞争性抑制操作表（mL）

试剂	0.093mol/L 琥珀酸钠溶液	0.10mol/L 丙二酸钠溶液	0.10mol/L 磷酸盐缓冲液（pH 7.4）	肝匀浆	0.02% 亚甲蓝溶液
1	—	0.5	2	0.5	0.15
2	0.5	0.25	1.75	0.5	0.15
3	0.5	0.5	2	—	0.15
4	0.5	—	2	0.5	0.15
5	0.5	0.5	1.5	0.5	0.15

将各管溶液混匀后，加一薄层液体石蜡，静置（此时不可摇动），观察各管中的颜色变化，并

记录各管颜色完全变化的时间。

（三）试剂与器材

1. 0.10mol/L 磷酸盐缓冲液（pH 7.4） 取 0.1mol/L NaH_2PO_4 19mL 加入 0.1mol/L Na_2HPO_4 81mL 并混合。

2. 0.093mol/L 琥珀酸钠溶液 取琥珀酸钠 1.5g 溶于 100mL 蒸馏水中。

3. 0.10mol/L 丙二酸钠溶液 取丙二酸钠 1.5g 溶于 100mL 蒸馏水中。

4. 0.02% 亚甲蓝溶液 取亚甲蓝 0.02g 溶于 100mL 无水乙醇中。

5. 液体石蜡。

6. 器材 剪刀、小天平、研钵或玻璃匀浆器、微量移液器及配套吸头、胶头滴管、试管、烧杯。

（四）示范操作

玻璃匀浆器的使用。

（五）设计型实验

有一大鼠骨骼肌样本，请设计实验证明细胞内琥珀酸脱氢酶的存在。

【课堂作业】

观察实验结果，书写实验报告。

【复习思考题】

1. 酶抑制作用的分类及其特点？
2. 本实验中液体石蜡起什么作用？
3. 使用肝匀浆液作为酶，为何 1 号管最终也有颜色变化？

【参考文献】

陈舒丽, 邓秋红, 黎威巍, 等, 2022.“丙二酸对琥珀酸脱氢酶竞争性抑制作用”实验的改进及分析. 山西化工, 42(2): 7-10.

实验五　影响酶活性的因素

【学习目的要求】

1. 掌握温度、pH、激活剂及抑制剂对酶活性影响的机制。
2. 熟悉检测淀粉酶活性的原理。
3. 了解酶最适温度、最适 pH 的概念。

【实验教学内容】

（一）实验原理

温度对酶的活性具有双重影响。温度升高，一方面加快反应速度，另一方面温度太高又使蛋白质变性。因此，在同一温度下酶活性是两种对抗效应的综合结果。在某一温度时酶促反应速度最快，此温度称为酶的最适温度。人体内大多数酶的最适温度在 37℃左右。当反应温度高于酶的最适温度时，酶蛋白会随着温度升高或反应时间延长而变性失活；反应温度低于酶的最适温度时，酶与底物分子热运动降低，分子间碰撞能下降，表现为酶活性下降。但此时酶蛋白并未破坏，一旦温度适宜，活性仍可恢复。

pH 也是影响酶活性的因素之一。pH 可影响底物的解离度和电荷，从而影响酶和底物的结合及催化作用。在某一特定 pH 时，酶的活性最大，此 pH 称为该酶的最适 pH。高于或低于最适 pH 时，酶的活性都会降低。人体内多数酶的最适 pH 均在 7.0 左右，测定酶活性的实验，都需加入适当的缓冲液，控制在最适 pH 条件下进行。

人唾液中的淀粉酶为 *α*-淀粉酶，在唾液腺细胞内合成。淀粉在唾液淀粉酶的作用下水解，经过一系列被称为糊精的中间产物，最后生成麦芽糖和葡萄糖。

淀粉与碘反应呈蓝色，糊精根据分子量的大小，与碘反应呈蓝、紫、红等不同颜色，以致无色。麦芽糖与碘不呈色。根据上述性质，可用碘检查淀粉是否水解及其水解程度，以判断淀粉酶在不同条件下的活性大小。淀粉与糊精无还原性，或还原性很弱，对本尼迪克特试剂（曾称班氏试剂）呈阴性反应。麦芽糖、葡萄糖是还原糖，与班氏试剂共热后生成红棕色氧化亚铜沉淀。

唾液淀粉酶的最适温度为 37～40℃，最适 pH 为 6.8。偏离此最适环境时，酶的活性减弱。低浓度的 Cl^- 能增加淀粉酶的活性，是它的激活剂。其机制是由于生成了 Cl^--酶复合物，促进酶与底物的结合，进而提高酶的催化效率。Cu^{2+} 等金属离子能降低该酶的活性，是它的抑制剂。其原理是淀粉酶的化学本质是蛋白质，重金属离子会导致蛋白质分子变性，从而抑制酶的活性。

本实验目的是验证温度、pH、激活剂及抑制剂对唾液淀粉酶活性的影响。固定其他反应条件，考察单因素改变对唾液淀粉酶活性的影响，检验酶活性的方法是利用碘与淀粉及其水解中间产物呈现不同颜色来判定。

（二）实验操作

1. 收集唾液淀粉酶液　实验者先用蒸馏水漱口，然后含一口蒸馏水于口中，轻漱 1～2min，吐入小烧杯中，用脱脂棉过滤，除去稀释液中可能含有的食物残渣，并将该滤液用蒸馏水稀释一倍。

2. 淀粉酶活性的检测　取一支试管，注入 1% 淀粉溶液 5.0mL 与稀释的唾液 0.5～2.0mL。混匀后插入 1 支玻棒，将试管连同玻棒置于 37℃水浴中。不时用玻棒从试管中取出 1 滴溶液，滴加在白瓷板上，随即加 1 滴碘液，观察溶液呈现的颜色。此实验延续至溶液仅表现碘被稀释后的微黄色为止。记录淀粉在水解过程中，遇碘后溶液颜色的变化。

向上面试管的剩余溶液中加 2.0mL 班氏试剂，放入沸水中加热 10min 左右，观察实验现象。

3. 温度对酶活性的影响　取 3 支试管，各加 3.0mL 1% 淀粉溶液；另取 3 支试管，各加 1.0mL 淀粉酶液。将此 6 支试管分为三组，每组中盛淀粉溶液与淀粉酶液的试管各 1 支，三组试管分别置入 0℃、37℃与 70℃的水浴中（表 2-10）。5min 后，将各组中的淀粉溶液倒入淀粉酶液中，继续维持原温度条件 5min 后，立即滴加 2 滴碘液，观察溶液颜色的变化。

表 2-10　温度对酶活性影响

反应条件	1	2	3	4	5	6
1% 淀粉溶液（mL）	3	3	3	—	—	—
淀粉酶液（mL）	—	—	—	1	1	1
温度	0℃	37℃	70℃	0℃	37℃	70℃

4. pH 对酶活性的影响　取 4 支试管，分别加入 0.4% HCl 溶液（pH≈1）、0.1% 乳酸溶液（pH≈5）、蒸馏水（pH≈7）与 1% Na_2CO_3 溶液（pH≈9）各 2.0mL，再向以上 4 支试管中各加 2.0mL 1% 淀粉溶液及 2.0mL 淀粉酶液（表 2-11）。混合摇匀后置于 37℃水浴中，保温 15min。向 4 支试管中各加 2.0mL 班氏试剂，在沸水浴上加热，观察生成红棕色沉淀的多少。

表 2-11　pH 对酶活性影响

试剂（mL）	1	2	3	4
0.4% HCl 溶液（pH≈1）	2	—	—	—
0.1% 乳酸溶液（pH≈5）	—	2	—	—
蒸馏水（pH≈7）	—	—	2	—
1% Na_2CO_3 溶液（pH≈9）	—	—	—	2
1% 淀粉溶液	2	2	2	2
淀粉酶液	2	2	2	2

5. 激活剂与抑制剂对酶活性的影响　取 3 支试管，按表 2-12 加入各种试剂。混匀后，置于 37℃水浴中保温。从 1 号试管中用玻棒取出 1 滴溶液，置于白瓷板上用碘液检查淀粉的水解程度。待 1 号试管内的溶液遇碘不再变色后，立即取出所有的试管，各加碘液 2 滴，观察溶液颜色的变化（表 2-12）。

表 2-12　激活剂与抑制剂对酶活性影响

试剂（mL）	1	2	3
1% NaCl 溶液	1	—	—
1% $CuSO_4$ 溶液	—	1	—
蒸馏水	—	—	1
淀粉酶液	1	1	1
0.1% 淀粉溶液	3	3	3

（三）试剂与器材

1. 1% 淀粉溶液（含 0.3% NaCl 溶液）　将 1g 可溶性淀粉与 0.3g 氯化钠，混悬于 5.0mL 蒸馏水中，搅动后缓慢倒入沸腾的 95mL 蒸馏水中，煮沸 1min，冷却后倒入试剂瓶中。

2. 碘液　称取碘 4g、碘化钾 6g，同溶于 100mL 蒸馏水中，储棕色瓶中备用。

3. 班氏试剂　将 17.3g 硫酸铜晶体溶入 100mL 蒸馏水中，然后加入 100mL 蒸馏水。取枸橼酸钠 173g 及碳酸钠 100g，加蒸馏水 600mL，加热使之溶解。冷却后，再加蒸馏水 200mL，最后，把硫酸铜溶液缓慢地倾入枸橼酸钠-碳酸钠溶液中，边加边搅拌，如有沉淀可过滤除去或自然沉降一段时间取上清液。此试剂可长期保存。

4. 其他试剂 0.4% HCl 溶液、0.1% 乳酸溶液、1% Na_2CO_3 溶液、1% NaCl 溶液、1% $CuSO_4$ 溶液。

5. 器材 恒温水浴锅、试管架、冰浴、烧杯、白瓷板、量筒、小漏斗、试管、滴管等。

【课堂作业】

观察实验结果，书写实验报告。

【复习思考题】

1. 温度如何影响酶的活性？
2. pH 如何影响酶的活性？
3. 酶的抑制作用可分为哪些类型？试述竞争性抑制作用的原理。

【参考文献】

杨玉萍, 2009. 几种环境条件对唾液淀粉酶活性的影响. 新乡学院学报 (自然科学版), 26(4): 42-44.

实验六　碱性磷酸酶米氏常数（K_m）测定及影响因素

【学习目的要求】

1. 掌握米氏方程及米氏常数（K_m）的意义。
2. 熟悉双倒数作图法及 K_m 测定方法。

【实验教学内容】

（一）实验原理

在温度、pH 及酶浓度恒定的条件下，底物浓度对酶促反应速度有很大的影响。在一般情况下，当底物浓度（[S]）很低时，酶促反应速度（V）随底物浓度等比例升高。随着底物浓度的继续增大，酶趋于饱和，反应速度的增大开始减慢，当底物浓度增大到某种程度时，反应速度达到最大值（最大反应速率，V_{max}）。经米夏埃利斯（Michaelis）和门藤（Menten）推导，底物浓度与反应速度的关系可用方程表示，该方程称为米氏方程（Michaelis equation）：

$$V=\frac{V_{max}[S]}{K_m+[S]}$$

当 $V=1/2V_{max}$ 时，K_m=[S]，即 K_m 等于反应速度达到最大反应速率一半时的底物浓度，可用作图法求出 K_m。

双倒数作图法［林-贝氏（Lineweaver-Burk）作图法］是将米氏方程的形式改变成直线方程式，如图 2-4 所示。

$$\frac{1}{V}=\frac{K_m}{V_{max}}\cdot\frac{1}{[S]}+\frac{1}{V_{max}}$$

以 $1/V$ 为纵坐标，$1/[S]$ 为横坐标作图，可得一直线，其斜率为 K_m/V_{max}，纵轴截距为 $1/V_{max}$，横轴截距为 $-1/K_m$，由此可求出 K_m，此即双倒数作图法。

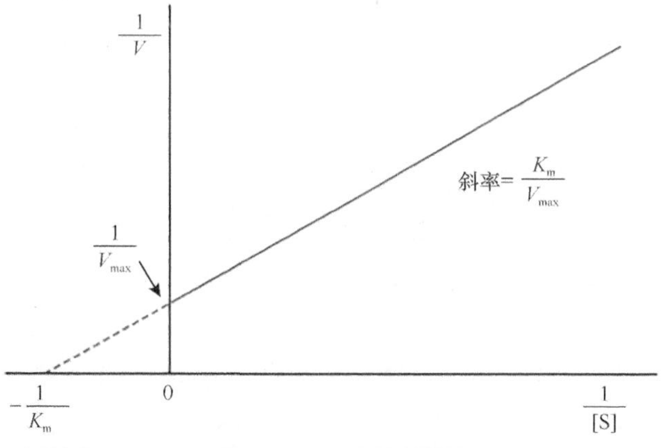

图 2-4　双倒数作图法

K_m 是酶的特征性常数，对每一个酶促反应，在一定条件下都有它特定的 K_m。因此常可用于鉴别酶，大多数酶的 K_m 为 10^{-6}～10^{-2}mol/L。

本实验以碱性磷酸酶（alkaline phosphatase，ALP）为材料，测定底物不同浓度时的反应速度，用双倒数法作图，计算其 K_m。

碱性磷酸酶在 pH 10.0 的条件下能使底物磷酸苯二钠水解，产生游离酚和磷酸盐。在碱性环境中，酚能还原酚试剂中的磷钼酸生成蓝色的“杂多蓝”络合物（图 2-5）。

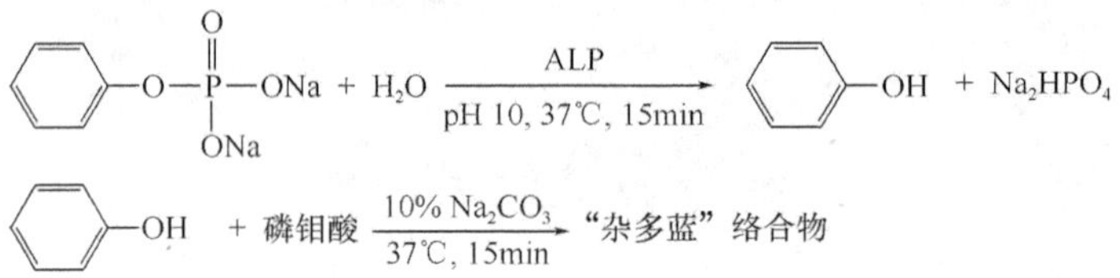

图 2-5　碱性磷酸酶实验原理

在一定范围内，酚的生成量与酶促反应速度成正比，而显色的深浅与酚含量的多少成正比，故用比色法可反映酶促反应的速度。在温度、时间和 pH 等恒定的条件下，以相同浓度的碱性磷酸酶催化不同浓度的底物分解，得到不同的酚浓度，显色深浅亦不同，即：$V \propto A$（吸光度），则 $1/V \propto 1/A$，以 $1/A$ 为纵坐标，底物磷酸苯二钠的浓度之倒数 1/[S] 为横坐标，依双倒数作图法，即可求得 K_m。

（二）实验操作

取中号试管 6 支，编号，按表 2-13 加试剂。

表 2-13　K_m 测定实验操作方法

试剂（mL）	空白管	测定管				
		1	2	3	4	5
0.02mol/L 磷酸苯二钠溶液	0.16	0.16	0.20	0.27	0.4	0.8
蒸馏水	0.84	0.74	0.70	0.63	0.5	0.1
碱性缓冲液	1.0	1.0	1.0	1.0	1.0	1.0
混匀，置 37℃水浴中保温 5min						
碱性磷酸酶液	—	0.1	0.1	0.1	0.1	0.1
混匀，置 37℃水浴中保温 15min（准确计时）						
酚试剂	1.0	1.0	1.0	1.0	1.0	1.0
10% Na_2CO_3 溶液	3.0	3.0	3.0	3.0	3.0	3.0

将各管混匀，在 37℃水浴继续保温 15min，待其充分显色。以空白管调零，在波长 660nm 对各管比色测定并记录吸光度值。

分别计算，并将结果填入表 2-14。

表 2-14　K_m 实验数据记录表

管号	[S]（mmol/L）	1/[S]	A_{660}	$1/A_{660}$
1				
2				
3				
4				
5				

打开 Excel 或其他作图软件，分别输入各管的 1/[S] 和 $1/A_{660}$ 值，选择数据并插入散点图，添

加趋势线，右击鼠标显示方程式和 R^2 值。根据一元线性方程（$y=ax+b$），计算 a/b 即得 K_m 值。

如果用坐标纸作图，需将斜线向左延伸与 X 轴相交，读出 $-\frac{1}{K_m}$ 值，然后再取倒数及绝对数得出 K_m。

（三）试剂与器材

1. 0.02mol/L 磷酸苯二钠溶液 称取二水磷酸苯二钠 5.08g，用蒸馏水溶解，并稀释至 1000mL，加氯仿数滴，盛于棕色瓶中。

2. 酚试剂 见实验一蛋白质定量测定（Folin-酚试剂法）。

3. 碱性缓冲液 称取 6.36g 无水碳酸钠和 3.36g 碳酸氢钠，先以适量蒸馏水溶解，再移至 1000mL 容量瓶中，加水至刻度，存于冰箱内，溶液 pH 为 10.0。

4. 碱性磷酸酶液 精确称取碱性磷酸酶，按 1.0mg 加 17mL 碱性缓冲液溶解，宜新鲜配制，或分装后冰箱冷冻保存。

5. 10% Na_2CO_3 溶液。

6. 器材 水浴锅、分光光度计、微量移液器及配套吸头、试管等。

（四）设计型实验

请设计一个实验，测定胰蛋白酶的 K_m 值（提示：胰蛋白酶能专一性水解苯甲酰精氨酸的酰胺键释放出氨，氨可用奈氏试剂定量测定）。

【课堂作业】

观察实验结果，书写实验报告。

【复习思考题】

1. 简述 K_m 和 V_{max} 的意义。
2. 查阅资料，简述碱性磷酸酶参与的反应，以及酶水平变化的临床意义。

【参考文献】

李姣，张军芳，张陈，等，2023. 虚拟仿真实验"米氏常数测定"在实验教学中的应用. 实验室科学，26(6): 87-92.
李彦华，2006. 对米氏常数求法的一点补充. 辽宁工程技术大学学报，25(S1): 335-336.
刘玉庆，秦连英，王绍红，等，1998. 不同来源血清碱性磷酸酶 K_m 值的比较研究. 济宁医学院学报，21(4): 43-44.

实验七　血清乳酸脱氢酶同工酶分析

【学习目的要求】

1. 掌握乳酸脱氢酶同工酶的测定原理。
2. 熟悉实验操作及临床意义。
3. 了解试剂配制。

【实验教学内容】

（一）实验原理

乳酸脱氢酶（LDH）是葡萄糖酵解过程中很重要的一种酶，其作用是催化丙酮酸与乳酸的互相转化。LDH 实际上是由几种理化性质及免疫学特性不相同而催化功能相同的酶分子所组成，统称为 LDH 同工酶。LDH 同工酶在一般组织中有 5 个种类，其亚基组成如表 2-15。

表 2-15　乳酸脱氢酶种类及亚基组成

同工酶种类	LDH_1	LDH_2	LDH_3	LDH_4	LDH_5
亚基	H_4	H_3M	H_2M_2	HM_3	M_4

其中 M 亚基含碱性氨基酸较多，H 亚基含酸性氨基酸比 M 亚基多，因而在 pH 8.6 的缓冲液中，几种同工酶由于带电荷的多少不同，各自电泳速度有快慢之分，可借电泳方法将其分离。电泳速度最快的为 LDH_1，依次为 LDH_2、LDH_3、LDH_4 和 LDH_5。

分离 LDH 同工酶常用的支持物有乙酸纤维素薄膜、聚丙烯酰胺凝胶、琼脂糖凝胶及淀粉凝胶等。本实验用乙酸纤维素薄膜为支持物，其优点为设备简单、操作方便、标本用量少、电泳时间短及区带分离清晰等。

电泳后，采用类似组织化学染色方法，即将底物乳酸、辅酶 I（NAD^+）和中间递氢体-吩嗪甲酯硫酸盐（PMS）及最终受氢体-氯化硝基四氮唑蓝（NBT）一起保温，在酶带处可产生还原型 NBT 的红色（或紫蓝色）沉淀。测定各条带吸光度值（A_{560}）可求得各类 LDH 的相对含量（活性）。

$$\text{乳酸} + NAD^+ \xrightarrow{LDH} \text{丙酮酸} + NADH + H^+$$
$$NADH + H^+ + PMS \longrightarrow \text{还原型 PMS} + NAD^+$$
$$\text{还原型 PMS} + NBT \longrightarrow \text{还原型 NBT（红色）} + PMS$$

（二）实验操作

1. 点样　预先将 2.5cm×7.0cm 乙酸纤维素薄膜条浸泡于 pH 8.6 且离子强度为 0.06 的巴比妥钠-巴比妥缓冲液中，使之充分浸透（约 10min）。取出薄膜条用滤纸轻压，吸去多余的缓冲液。用点样器在盛有血清的容器中蘸一下，使其下端沾上少许血清，然后垂直紧按在无光泽面距膜端 1.5cm 处的点样线上。

2. 电泳　将点样后的膜条点样面朝下，点样端置于阴极侧，平放于电泳槽的纱布桥上，待平衡 5min 后通电。电压为 10V/cm 长（120～160V），电流为 1.2～1.5mA/条，电泳时间为 60～90min。

3. 染色　在电泳完成前 15min 配制染色试剂：0.5mol/L 乳酸钠溶液 1.0mL，0.4% NBT 溶液 3.0mL，0.1% PMS 溶液 1.0mL 及 NAD^+ 溶液 10mg，混匀（避光）。将另一条薄膜浸透染液后，移于一清洁玻片（无光泽面朝上），断电，立即将电泳薄膜条取下，小心地迅速将无光泽面覆盖在染条上（避免起泡，勿移动），加压另一块盖玻片。将上述两层玻片置于平皿内，加盖，于 37℃恒温水浴锅中保温 30min，即可显出红色（或紫蓝色）区带 3～5 条（LDH 同工酶）。血清正常乳酸脱氢酶同工酶含量 $LDH_2 > LDH_1 > LDH_3 > LDH_4 > LDH_5$。

4. 定量　用 10% 乙酸将薄膜条漂洗 3 次，每次 5min，晾干后作薄膜扫描，或剪下区带浸入洗脱液 2mL 中，于 560nm 波长下比色，求得相对含量。

各部分吸光度值之和 $T = L_1 + L_2 + L_3 + L_4 + L_5$（$L_1$～$L_5$ 表示 LDH_1～LDH_5 的光密度值）。

$LDH_1\% = L_1/T \times 100\%$，其余类推。

（三）临床意义

同工酶在不同组织中的分布不同，每个组织都有一定的同工酶酶谱。当某一组织病变受损时，可以使得血液中同工酶酶谱发生改变，如心肌梗死时血清 LDH_1 活性明显增高；肝炎、肝癌等肝病则血清 LDH_5 活性增高；LDH_3 增高可见于肺梗死或淋巴瘤、肺癌等患者。因此，测定血清中同工酶谱，对疾病的诊断和判断预后具有一定的参考价值。

（四）试剂与器材

1. 巴比妥钠-巴比妥缓冲液（pH 8.6，离子强度 0.06）　称取巴比妥钠 12.76g，巴比妥 1.66g，加蒸馏水定容至 1000mL。

2. 0.1mol/L pH 7.4 磷酸盐缓冲液　称取 $Na_2HPO_4 \cdot H_2O$ 22.5g，KH_2PO_4 2.16g 加蒸馏水至 1000mL。

3. NAD^+ 溶液　称取 NAD^+ 10mg 溶于 pH 7.4 磷酸盐缓冲液 1mL 中，混匀，冰箱保存。

4. 0.5mol/L 乳酸钠溶液　60% 乳酸钠溶液 5.0mL，加 0.1mol/L 磷酸盐缓冲液（pH 7.4）4.5mL 混合，冰箱保存。

5. 0.1% PMS 溶液　称取 100mg PMS 溶于 100mL 蒸馏水中，储棕色瓶中，冰箱保存，溶液出现绿色则不能使用。

6. 0.4% NBT　称取 400mg NBT，溶于 0.1mol/L 磷酸盐缓冲液（pH 7.4）中并定容至 100mL。

7. 10% 乙酸溶液。

8. 洗脱液　正丙醇 9 份与二甲基亚砜 1 份混匀即可。

9. 器材　乙酸纤维素薄膜、点样器或盖玻片、电泳仪、电泳槽、试管、分光光度计、微量移液器及配套吸头、剪刀、镊子等。

（五）设计型实验

现有一大鼠心肌匀浆组织液，请设计一实验测定该组织样本中是否有 LDH 同工酶，哪种同工酶最多。

【课堂作业】

观察实验结果，完成实验报告。

【复习思考题】

1. LDH 可以存在于哪些组织中？ LDH 同工酶有多少种？各自主要存在于哪些组织中？
2. 测定 LDH 同工酶有何临床意义？

【参考文献】

桂晓美, 杨德昌, 2005. 乳酸脱氢酶同工酶的临床意义分析. 检验医学, 20(1): 3.

实验八　凝胶层析法分离血红蛋白和 DNP-酪蛋白

【学习目的要求】

1. 掌握凝胶层析法分离蛋白质的原理。
2. 熟悉层析技术的原理。
3. 了解凝胶层析法分离蛋白质的具体步骤。

【实验教学内容】

（一）实验原理

凝胶层析法（gel chromatography）是利用凝胶将不同物质按照分子大小进行分离的一种方法。在本实验中，我们拟利用凝胶层析法将血红蛋白（分子量为 64.5kDa）与酪蛋白（分子量为 3.0kDa）进行有效分离。根据被分离物质的分子量，我们选用葡聚糖凝胶 G-50（sephadex G-50），它的分子量适用范围为 1.5～30kDa。血红蛋白分子大于凝胶内部的所有孔径，不能进入凝胶内部，可随洗脱液直接流出，速度较快；酪蛋白分子量较小，可随机进入凝胶内部，而洗脱时受到凝胶内部孔径的影响，流出层析柱所需的时间较长。血红蛋白本身呈红色，而酪蛋白无色。为便于观察，我们将黄色的 2,4-二硝基氟苯（DNP）偶联于酪蛋白，使其着色。DNP 偶联酪蛋白化学反应如图 2-6 所示。

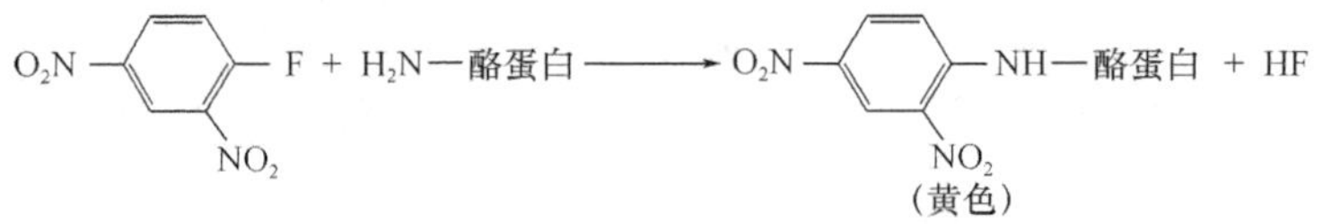

图 2-6　DNP 偶联酪蛋白化学反应

（二）实验操作

1. 凝胶的准备　称取葡聚糖凝胶 G-50 1g，置于锥形瓶中，加蒸馏水 30mL，于沸水浴中煮沸 2h（如在室温中溶胀，需 6h 以上），取出，待冷却至室温备用。

2. 装柱　取直径 1.0cm，长 20cm 的层析柱一支，垂直安装于铁架台上。关闭层析柱的出口，自顶部缓缓加入葡聚糖凝胶 G-50 悬液，直至凝胶颗粒沉积高度在 17cm 左右。待底部凝胶沉积 1～2cm 时，打开层析柱出口阀，调节流出液（蒸馏水）流速至约 10 滴/min。操作全过程中注意防止空气进入凝胶沉积层。

3. 样品的制备　取离心管配制混合蛋白样品，即分别加入血红蛋白溶液 0.3mL，DNP-酪蛋白溶液 0.5mL，充分混匀。

4. 加样与洗脱　待层析柱中凝胶颗粒完全沉积，且沉积凝胶表面蒸馏水液面与凝胶层基本平齐时（注意：不可让凝胶表面直接接触空气），可进行加样。关紧出口阀，用滴管将上述混合蛋白样品缓缓地沿层析柱内壁小心加于凝胶表面（注意：尽量不要使凝胶表层扰动）。然后，打开出口阀，使洗脱液流出同时样品进入凝胶层。待样品液面下降至与凝胶表层平齐时，再以 1mL 左右蒸馏水清洗层析柱内壁上残余的样品，使样品完全进入凝胶柱内。当这部分蒸馏水进入凝胶层时，沿层析柱内壁加入大量蒸馏水进行洗脱。在洗脱的过程中，取多支 1.5mL 离心管分别标记并收集出口流出的洗脱液，观察洗脱液颜色的变化情况。注意观察层析柱中红色的血红蛋白与黄色的 DNP-酪蛋白分离的过程、色带分布情况及各种蛋白洗脱的顺序，并记录现象。

（三）试剂与器材

1. 葡聚糖凝胶 G-50（sephadex G-50）（50～100 目）。

2. 血红蛋白溶液 取草酸钾抗凝血 2.0mL 于离心管中，离心 5min，弃去上层血浆。用 0.9% NaCl 洗涤血细胞 2 次，每次用 2.0mL 0.9% NaCl 溶液把血细胞搅起，离心后尽量倒去上清液。加蒸馏水 2.0mL 于血细胞中，混匀，即为血红蛋白溶液。

3. DNP-酪蛋白溶液 称取酪蛋白 75mg 溶于 10% NaOH 溶液 1.0mL 中。另取 DNP 0.05g 溶于微热的 95% 乙醇 1.0mL 中，充分溶解后，立即倾入上述蛋白溶液。然后将此液置于沸水浴中，煮沸 5min，冷却后，加 2 倍体积的 95% 乙醇，可见黄色 DNP-酪蛋白沉淀，离心 5min，弃去上清液。沉淀用 95% 乙醇洗 2 次。所得沉淀溶于 0.5mL 蒸馏水中。

4. 洗脱液 蒸馏水。

5. 器材 离心机、锥形瓶、沸水浴、1×20cm 层析柱等。

（四）示范操作

葡聚糖凝胶的装柱过程；加样。

（五）设计型实验

蛋白质溶液中含有三种蛋白质，分子量分别为 4kDa、20kDa 和 40kDa，请设计实验方案并将它们分开。

【课堂作业】

记录实验结果，书写实验报告。

【复习思考题】

1. 蛋白质的分离纯化有哪些方法，它们之间的差别是什么？
2. 对比凝胶层析法与凝胶电泳法分离蛋白质的基本原理，请罗列出两者之间的区别与联系。

【参考文献】

倪培华, 2015. 临床生物化学检验技术实验指导. 北京：人民卫生出版社.

实验九　血清葡萄糖含量的测定

【学习目的要求】

1. 掌握血糖测定的实验原理与操作。
2. 掌握胰岛素和肾上腺素对血糖浓度影响的实验原理与操作。
3. 了解激素对血糖浓度影响的临床意义。

【实验教学内容】

一、葡萄糖氧化酶法（GOD-POD 法）

（一）实验原理

血清葡萄糖测定是临床生物化学的常规检测项目。临床进行葡萄糖测定多用酶法测定。酶法测定主要有 GOD-POD 法、己糖激酶法（HK 法）、葡萄糖脱氢酶法，前两种检测方法较为常见。葡萄糖氧化酶（GOD）催化葡萄糖生成葡萄糖酸及过氧化氢，而后者在过氧化物酶（POD）作用下，可将无色的还原型 4-氨基安替比林与酚偶联氧化缩合成红色的醌类化合物，红色醌类化合物颜色的深浅在一定范围内与葡萄糖浓度成正比，通过与相应的葡萄糖标准液比较，即可求得血糖含量（图 2-7）。

$$\text{葡萄糖} + O_2 + H_2O \xrightarrow{\text{GOD}} \text{葡萄糖酸} + H_2O_2$$

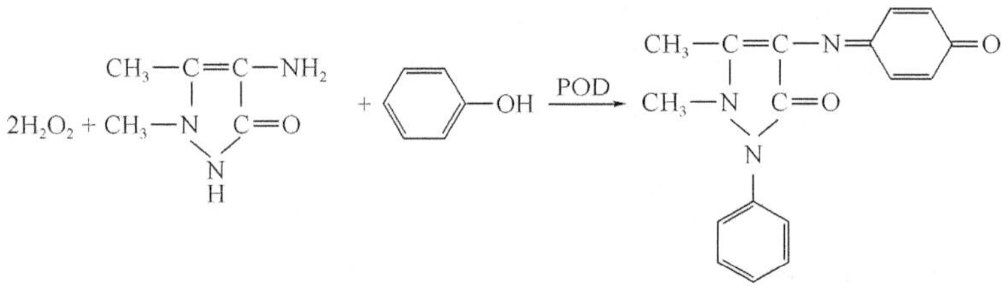

4-氨基安替比林　　　　　　红色醌亚胺

图 2-7　GOD-POD 法实验原理

（二）实验操作

取 3 支试管按表 2-16 操作。

表 2-16　葡萄糖氧化酶法操作表

试剂（mL）	B（空白）	S（标准）	U（待测）
血清	—	—	0.2
葡萄糖标准应用液（1mg/mL）	—	0.2	—
蒸馏水	0.2	—	—
工作试剂	3.0	3.0	3.0

混匀，置 37℃水浴 20min，以空白管调零，在波长 505nm 处比色，记录标准管、测定管的吸光度值（A_{505}）。

（三）结果计算

$$血糖（mmol/L）=\frac{测定管吸光度值}{标准管吸光度值}\times标准管浓度$$

（四）参考值

正常人空腹血清葡萄糖浓度范围：3.9～6.0mmol/L（70～100mg/100mL）。

（五）注意事项

1. 血液离体后每小时葡萄糖可下降 5%～10%，故主张用抗凝剂或抗酵解剂的标本。氟化钠、肝素或草酸钾对血糖测定均无影响，但氟化钠具有上述抗凝和抗酵解作用，宜首选。

2. 本法亦可应用邻联茴香胺为色原性受体，其最终产物为黄色反应物，但其操作较烦琐，且需要除蛋白，不如 4-氨基安替比林简便灵敏。

（六）试剂与器材

1. 0.1mol/L 磷酸盐缓冲液（pH 7.4） 无水 Na_2HPO_4 8.5g，无水 KH_2PO_4 5.3g，溶于 800mL 蒸馏水，用 1mol/L NaOH 溶液或 HCl 溶液调 pH 至 7.4±0.1，加蒸馏水至 1000mL。

2. 酶试剂　GOD 1200U，POD 1200U，4-氨基安替比林 10mg，叠氮钠（NaN_3）100mg，溶于上述 0.1mol/L 磷酸盐缓冲液约 80mL 中，调 pH 至 7.0 后，补足至 100mL 存冰箱备用。

3. 酚溶液　苯酚 100mg，溶于 100mL 蒸馏水中。

4. 工作试剂　将酶试剂、酚溶液等量混合（使用前）。

5. 葡萄糖标准应用液（5.55mmol/L 或 1.0mg/mL） 分析天平称取无水葡萄糖 100mg，以少量 0.25% 苯甲酸溶液在小烧杯中溶解，细心倒入 100mL 容量瓶中，用 0.25% 苯甲酸溶液冲洗烧杯 2～3 次，倒入容量瓶中并补足至刻度。

6. 器材　水浴锅、分光光度计、移液器或刻度吸管、试管等。

二、邻甲苯胺法（O-T 法）

（一）实验原理

葡萄糖的醛基与邻甲苯胺的胺基在热乙酸溶液中缩合成蓝色的席夫碱（Schiff base）（图 2-8），其颜色深浅在一定范围内与血糖含量成正比，与相同处理的标准葡萄糖溶液比较，可求出血糖含量。

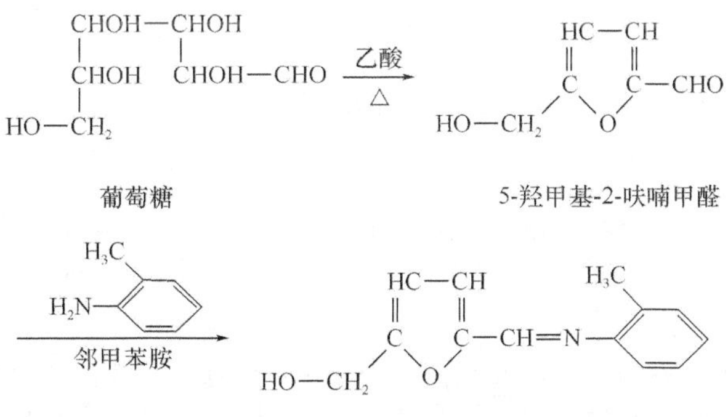

图 2-8　邻甲苯胺法实验原理

（二）实验操作

取 3 支试管按表 2-17 操作。

表 2-17　邻甲苯胺法操作表

加入物（mL）	B（空白）	S（标准）	U（待测）
血浆	—	—	0.1
葡萄糖标准应用液（1mg/mL）	—	0.1	—
蒸馏水	0.1	—	—
邻甲苯胺试剂	5.0	5.0	5.0

混匀后置沸水浴中 15min，取出置冷水中冷却，以空白管调零，于波长 630nm 处比色，记录各管吸光度（A_{630}）。

（三）结果计算

$$血糖（mmol/L）=\frac{测定管吸光度值}{标准管吸光度值}\times 标准管浓度$$

（四）参考值

正常人空腹血糖浓度范围：3.9～6.0mmol/L。

（五）注意事项

1. 邻甲苯胺试剂中加入硫脲，不仅有一定的增色效应，而且可以产生抗氧化作用，防止试剂出现棕色（空白管吸光度升高），可使试剂稳定数月。

2. 邻甲苯胺及冰醋酸的纯度对结果影响甚大，试剂不纯或变红应重蒸馏后再用。

3. 由于邻甲苯胺试剂中乙酸浓度很高，操作应小心谨慎，否则易损坏仪器。

4. 此法受煮沸时间、比色时间等因素影响，测定时样品煮沸时间和比色时间必须与标准管一致。

（六）试剂与器材

1. 邻甲苯胺试剂　取硫脲 1.5g 溶于 750mL 冰醋酸中，加邻甲苯胺 150mL 及饱和硼酸 40mL，混匀后加冰醋酸至 1000mL，充分混匀储入棕色瓶中密闭保存。

2. 葡萄糖标准储存液（10mg/mL）　干燥无水的葡萄糖（AR）1.0g 溶于 50mL 饱和苯甲酸溶液中，倾入 100mL 容量瓶内，用饱和苯甲酸溶液稀释至刻度。用时再稀释 10 倍，即得葡萄糖标准应用液（1mg/mL）。

3. 器材　水浴锅、分光光度计、刻度吸管、试管等。

三、Folin-Wu 法

（一）实验原理

无蛋白血滤液所含的葡萄糖，能使碱性铜试剂中的二价蓝色的铜（Cu^{2+}）还原成砖红色的一价氧化亚铜（Cu^{+}）沉淀。氧化亚铜使磷钼酸还原成钼蓝，与同样处理的标准葡萄糖液比色，可求出血中葡萄糖的含量。

$$2Cu(OH)_2 + C_6H_{12}O_6 \xrightarrow{加热} Cu_2O\downarrow + C_5H_{11}O_5COOH + 2H_2O$$

$$Cu_2O + 酸性钼酸试剂 \longrightarrow 钼蓝络合物 + CuO$$

（二）实验操作

1. 无蛋白血滤液的制备

（1）取干燥三角瓶 1 只，准确加入蒸馏水 7.0mL。

（2）取一支干燥 0.2mL 吸管，准确吸取全血 0.2mL，慢慢地将血液滴入水中。

（3）加 2/3mol/L H_2SO_4 溶液 0.4mL 及 10% Na_2WO_4 溶液 0.4mL，混匀，待 5～10min 澄清后过滤，

收集滤液备用。

2. 血糖的测定　取干燥试管 3 支，按表 2-18 操作。

表 2-18　Folin-Wu 法操作

试剂（mL）	标准管	测定管	空白管
标准葡萄糖应用液	2.0	—	—
无蛋白血滤液	—	2.0	—
蒸馏水	—	—	2.0
碱性铜试剂	2.0	2.0	2.0
充分摇匀，置沸水浴中煮沸 8min，取出切勿摇动，置冷水浴中冷却			
磷钼酸试剂	2.0	2.0	2.0
蒸馏水	3.0	3.0	3.0

混匀，放置 3min 后，以空白管调零，于 620nm 波长处比色，记录各管吸光度（A_{620}）。

（三）结果计算

$$血糖（mmol/L）=\frac{测定管吸光度值}{标准管吸光度值}\times标准管浓度$$

（四）参考值

正常人空腹血糖浓度范围：3.9～6.0mmol/L。

（五）注意事项

1. 本法所测的血糖，并不完全是真正的葡萄糖，因滤液中尚有其他还原性物质的干扰（约占 10%），故结果偏高。

2. 血糖测定应在取血 2h 内完成，放置过久，会因糖分解而致使糖量降低。

3. 磷钼酸试剂宜储存在棕色瓶中，如出现蓝色，表示试剂本身已被还原，不能使用。

4. 碱性铜试剂中如有氧化亚铜沉淀，也不能使用。取碱性铜试剂 1.0mL，加磷钼酸试剂 1.0mL，如蓝色消失，表明此试剂无氧化亚铜，可用。

（六）试剂与器材

1. 碱性铜试剂　称取无水 Na_2CO_3 40g，溶于 100mL 蒸馏水中，溶后加酒石酸 7.5g，若不易溶解可稍加热，冷却后移入 1000mL 的容量瓶中。另取纯结晶 $Cu_2SO_4 \cdot 5H_2O$ 4.5g 溶于蒸馏水中，溶后再将此溶液倾入上述容量瓶中，加蒸馏水至 1000mL 刻度摇匀，放置备用。

2. 磷钼酸试剂　称取钼酸（H_2MoO_4）70g，溶于 10% NaOH 溶液 400mL，其中再加 Na_2WO_4 10g，加蒸馏水至总体积为 800mL，加热煮沸 30～40min，以除去钼酸中可能存在的氨，冷却后，加 85% 的 H_3PO_4 溶液 250mL，加蒸馏水稀释至 1000mL，摇匀，储于棕色瓶内保存。

3. 标准葡萄糖溶液

（1）储存液（1.0mL=100mg 葡萄糖）：准确称取纯葡萄糖 1.0g，用 0.25% 苯甲酸溶液溶解，倾入 100mL 的容量瓶中，最后加 0.25% 苯甲酸溶液至刻度，摇匀，放置冰箱内保存。

（2）应用液（1.0mL=0.025mg 葡萄糖）：准确量取上述储存液 0.5mL 移入 200mL 容量瓶中，加入 0.25% 苯甲酸溶液至刻度。

4. 0.25% 苯甲酸溶液　称取苯甲酸 2.5g，加入煮沸的蒸馏水 1000mL 使其成饱和溶液，冷却后取上清液备用。

5. 10% Na_2WO_4 溶液。

6. 2/3mol/LH_2SO_4 溶液。

7. 0.2% 草酸钠溶液。

8. 器材 微量移液器、试管、恒温水浴锅、分光光度计。

（七）设计型实验

因不慎将两份健康人的血样标签混淆，但已知其中一份为空腹时采集，另一份为饭后半小时采集。请设计生化实验方案加以鉴别。

四、胰岛素和肾上腺素对血糖浓度的影响

（一）实验原理

人和动物的血糖浓度受各种激素调节而维持恒定。本实验通过测定家兔注射胰岛素和肾上腺素前后血糖浓度的变化来观察激素对血糖浓度的影响。

（二）实验操作

1. 动物准备 预先禁食 16h 的正常家兔 2 只，记录体重。

2. 取血 从耳缘静脉取血，将血液注入抗凝管中（每毫升血加 2mg 草酸钠），边注入边摇匀，以防凝固。

3. 注射激素后取血 取血后其中一兔皮下注射胰岛素，剂量按 1.5U/kg 体重计算，并记录注射时间，1h 后再取血。取血后立即腹腔或皮下注射 25% 葡萄糖溶液 10mL，以免家兔发生胰岛素性休克而死亡。另一只家兔皮下注射肾上腺素，剂量按 0.4mg/kg 体重计算，并记录注射时间，30min 后再取血。

4. 血样采齐后，测定血糖浓度。

5. 比较注射激素前后血糖浓度的变化。

（三）试剂与器材

1. 0.2% 草酸钠溶液。

2. 25% 葡萄糖溶液。

3. 1mg/mL 肾上腺素溶液。

4. 1.5U/mL 胰岛素溶液。

5. 器材 注射器、微量移液器、试管、恒温水浴锅、分光光度计。

（四）设计型实验

请设计生化实验方案以观察胰高血糖素对血糖水平的调节作用。

【课堂作业】

观察实验结果，书写实验报告。

【复习思考题】

1. 试述体内血糖的来源与去路。
2. 简述血糖测定的临床意义。
3. 调节血糖水平的激素主要有哪些？
4. 简述胰岛素和肾上腺素对血糖浓度调节的作用机制。
5. 简述血糖水平异常的因素。

【参考文献】

李瑞丰, 2011. 肾上腺素和胰岛素对血糖影响综合实验的教学效果分析. 攀枝花学院学报, 28(6): 75-77.

任小雷, 汪莹, 2011. 葡萄糖氧化酶法血糖测定的方法修正. 吉林医学, 32(35): 7529-7530.

实验十　肝糖原的提取、鉴定与定量

【学习目的要求】

1. 掌握肝糖原的提取、鉴定与定量检测的原理。
2. 熟悉实验操作过程。
3. 了解肝匀浆的制备方法。

【实验教学内容】

（一）实验原理

1. 肝糖原的提取与鉴定　糖原储存于细胞内，采用研磨匀浆等方法可使细胞破碎。低浓度的三氯乙酸能使蛋白质变性，破坏肝组织中的酶且沉淀蛋白质，而糖原仍可稳定地保存于上清液中，从而使用糖原与蛋白质等其他成分分离开来。糖原不溶于乙醇而溶于热水，故先用95%乙醇将滤液中糖原沉淀，再溶于热水中得到糖原溶液。糖原溶液呈乳样光泽，遇碘呈红棕色，可以鉴定糖原。糖原还可被酸水解生成具有还原性的葡萄糖，还原性葡萄糖可使碱性铜溶液中的二价铜还原成单价的氧化亚铜沉淀，可用于进一步鉴定肝组织中糖原的存在。

2. 肝糖原的定量　糖原在浓碱溶液中非常稳定，肝组织先置于浓碱中加热，以破坏大部分蛋白质和酶等其他成分，稀释后可得到稳定的糖原提取液。糖原在浓硫酸中可水解成为葡萄糖，浓硫酸能使葡萄糖进一步脱水生成糠醛衍生物——5-羟甲基呋喃甲醛，此化合物再与蒽酮脱水缩合生成蓝色的化合物。该物质在620nm波长处有最大吸收峰。葡萄糖含量为10～100μg，溶液颜色的深浅与葡萄糖含量成正比。利用此反应与同样处理的已知葡萄糖含量标准溶液比色，通过标准对照法即可计算出样品中糖原的含量。

（二）实验操作

1. 肝糖原的提取

（1）肝匀浆的制备：用颈椎脱臼法处死白鼠，立即取出肝脏，迅速以滤纸吸取附着的血液。用天平称取肝组织约1g置于匀浆器中，加入5%三氯乙酸溶液5mL，将肝组织研磨成匀浆。然后将匀浆全部转移至干净的10mL离心管中，以4000r/min离心3min。小心将上清液转入另一个10mL离心管中。

（2）肝糖原的提取：向上清液中加入同体积的95%乙醇，混匀后静置10min，此时糖原呈絮状沉淀析出。溶液以4000r/min离心10min，彻底沉淀糖原。弃去上清液，并将离心管倒置于滤纸上干燥1～2min。向糖原沉淀中加入2mL蒸馏水，沸水浴2min，溶解沉淀，即得到糖原溶液，备用。

2. 肝糖原的鉴定

（1）糖原的呈色反应：取2支试管按表2-19操作。

表2-19　糖原的呈色反应

试剂（滴）	样品管	对照管
碘试剂	2	2
蒸馏水	—	10
糖原溶液	10	—

（2）糖原水解液中葡萄糖的鉴定：取2支试管按表2-20操作。

表 2-20 糖原水解液中葡萄糖的鉴定

试剂（mL）	样品管	对照管
糖原溶液	0.5	0.5
HCl	0.1	—
蒸馏水	—	0.1
沸水浴 10min，冷却		
50% NaOH 溶液	0.1	—
蒸馏水	—	0.1
班氏试剂	1.5	1.5

沸水浴 5min，冷却后观察有无沉淀。

3. 肝糖原的含量测定

（1）糖原提取：在一试管中加入 30% KOH 溶液 1.5mL，用天平称取 0.10～0.15g 小白鼠肝组织（获取方法同前）放入试管中，置沸水浴中 15min。冷却后将试管内容物全部转移到 100mL 容量瓶中，加蒸馏水定容至刻度线（多次冲洗试管，一并收入容量瓶），小心地混匀，此为糖原提取液。

（2）糖原测定：取 3 支试管按表 2-21 操作。

表 2-21 糖原测定

试剂（mL）	标准管	样品管	空白管
蒸馏水	—	—	1.0
葡萄糖标准液	1.0	—	—
糖原提取液	—	1.0	—
0.2% 蒽酮溶液	2.0	2.0	2.0

各管试剂充分混匀后，置于沸水浴 10min，再冷却。以空白管溶液调零，在波长 620nm 处，测定各管溶液的吸光度值（A_{620}）。

（3）结果计算：

$$\text{肝糖原（g/100g肝组织）}=\frac{A_{样品}}{A_{标准}}\times 0.05\times\frac{100}{\text{肝组织重量（g）}}\times\frac{100}{1000}\times 1.11$$

公式中 1.11 为此法测得葡萄糖含量换算为糖原的常数（用蒽酮试剂显色时，110μg 糖原与 100μg 葡萄糖显色程度相当）；肝组织克数为试剂操作中记录的肝组织质量。

此法仅适用于肝糖原含量在 1.5%～9% 的情况，若肝糖原含量＜1.0%，由于蛋白质会干扰蒽酮反应，须改用间接法测定。即肝组织经浓碱消化后，用 95% 乙醇沉淀糖原（浓碱消化液：95% 乙醇 = 1：1.25），再用 2mL 蒸馏水加热溶解糖原，最后再用蒽酮进行显色反应、比色计算。

（三）注意事项

1. 小白鼠在实验前必须饱食，避免因饥饿耗尽肝糖原而出现阴性结果。

2. 肝脏离体后，必须迅速以三氯乙酸处理，避免糖原被酶降解。

3. 研磨应充分，确保糖原彻底释放。

4. 水解鉴定样品管中溶液必须调至中性或碱性，否则会影响班氏试剂的作用。

5. 含量测定时，肝组织必须在沸水浴中全部溶解，否则会影响比色。

6. 蒽酮试剂必须 2 倍于被测体积，加入蒽酮试剂后必须充分混匀。

（四）试剂与器材

1. 95% 乙醇。

2. 5% 三氯乙酸溶液　称取三氯乙酸 5g，加蒸馏水溶解至 100mL。

3. 12mol/L HCl 溶液　浓 HCl 原液（36%～38%）。

4. 50% NaOH 溶液　称取 NaOH 50g，用蒸馏水溶解至 100mL。

5. 碘试剂　称取 I_2 100mg 和 KI 200mg，溶于 50mL 蒸馏水中。

6. 班氏试剂　称取柠檬酸钠 173g 和无水碳酸钠 100g 溶于蒸馏水 800mL 中，加热促溶。冷却，慢慢倒入 17.3% 硫酸铜 100mL，边加边摇。再加蒸馏水至 1000mL，混匀。如浑浊可过滤取滤液。此试剂可长期保存。

7. 30% KOH 溶液　称取 KOH 30g，溶解至 100mL 蒸馏水中。

8. 葡萄糖标准液（50mg/L）　称取已干燥恒重的无水葡萄糖 25mg，加蒸馏水溶解至 500mL。

9. 17mol/L（90%）H_2SO_4 溶液　量取蒸馏水 30mL，缓慢加入浓 H_2SO_4 500mL。

10. 0.2% 蒽酮溶液　称取蒽酮 0.20g，用 17mol/L H_2SO_4 溶解至 100mL。此试剂不稳定，以当日配制为宜，冰箱可保存 4～5 天。

11. 器材　低速离心机、试管及试管架、剪刀、镊子、小天平、烧杯、研钵（或玻璃匀浆器）、滤纸、10mL 离心管、恒温水浴锅、微量移液器、可见光分光光度计、容量瓶。

（五）设计型实验

请在无蒽酮试剂的条件下设计一种糖原测定的实验。

【课堂作业】

记录实验结果，完成实验报告。

【复习思考题】

1. 三氯乙酸在糖原提取中起到什么作用？
2. 糖原与碘作用后为什么呈棕红色，这与淀粉遇碘的显色反应有何不同？
3. 结合实验原理分析，蒽酮试剂含有哪些主要成分，分别有什么作用？

【参考文献】

高珊, 童英, 熊晓燕, 等, 2011. 蒽酮法与试剂盒法测定糖原含量的比较研究. 首都公共卫生, 5(1): 38-40.

柳占彪, 张少卓, 李玉红, 等, 2009. 应用氧化酶法对高糖高脂动物模型肝糖原含量的测定. 中国比较医学杂志, 119(1): 34-36.

镇卫国, 官守涛, 2014.“肝糖原的提取与鉴定”实验方法的改进探索. 价值工程, 33(10): 307-308.

Wu L, Xu Y, Kostas P, et al. , 2023. Glycophagy mediated glucose-induced changes of hepatic glycogen metabolism via OGT1-AKT1-FOXO1^{Ser238} pathway. The Journal of Nutritional Biochemistry, 117: 16.

实验十一　血清甘油三酯的测定

【学习目的要求】

1. 掌握血清甘油三酯测定的实验原理。
2. 熟悉实验操作。
3. 了解血清甘油三酯测定的临床意义。

【实验教学内容】

一、血清甘油三酯的测定（化学法）

（一）实验原理

血清甘油三酯经正庚烷-异丙醇混合溶剂抽提，而后经碱水解后生成游离甘油及脂肪酸，用高碘酸氧化甘油生成甲醛，甲醛与乙酰丙酮反应生成二氢二甲基吡啶黄色衍生物，该产物可用比色法测定（图 2-9）。

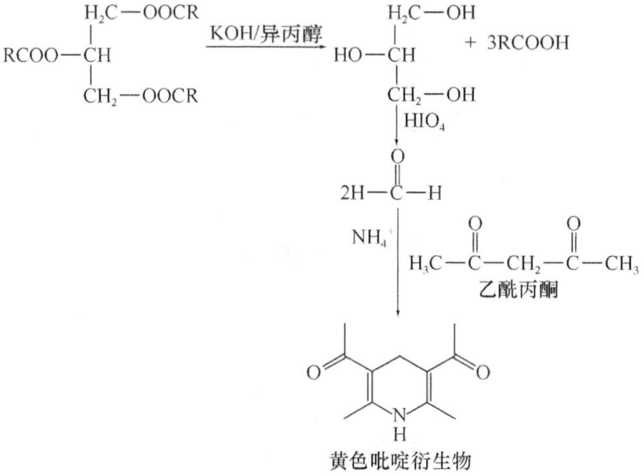

图 2-9　血清甘油三酯的测定（化学法）实验原理

（二）实验操作

取 3 支干净试管，编号 1、2、3，其中 1 为空白管，2 为标准管，3 为待测管，按表 2-22 分别加入试剂。

表 2-22　血清甘油三酯的测定（化学法）

试剂（mL）	1（空白管）	2（标准管）	3（待测管）
血清	—	—	1.0
标准液	—	1.0	—
蒸馏水	1.0	—	—
抽提液	1.0	1.0	1.0
0.04mol/L H_2SO_4	0.3	0.3	0.3

依次加入试剂，剧烈振摇 15s，静置待分层。吸取上层液体各 1mL 置于 3 支新试管中，新试

管标号与前述一致。各新试管中加入 1mL 异丙醇及 0.2mL 碱水解试剂，摇匀后 65℃下保温 5min。

保温结束后，各管加入 1mL 氧化试剂及 1mL 的乙酰丙酮试剂，充分混匀后 65℃下保温 15min，待冷却后比色，以 1 号管溶液调零，测定 2 号及 3 号管中溶液在波长 420nm 处的吸光度值，记录读值。

（三）结果计算

$$m = \frac{A_3 C_2}{A_2} \times 100$$

上式中，m 为 100mL 待测血清中甘油三酯的浓度（mg/100mL）；A_2 为 2 号试管的吸光度值；A_3 为 3 号试管的吸光度值；C_2 为 2 号试管中标准品浓度，即 1mg/mL；100 为 100mL 血清。

（四）临床意义

甘油三酯是甘油的 3 个羟基分别和 3 个脂肪酸分子脱水缩合后形成的甘油酯，是人体内含量最多的脂类，是机体储能及供能的重要组成部分。血清甘油三酯是一项重要的临床血脂常规检测项目，正常人甘油三酯水平低于 1.70mmol/L（150mg/dL）。高甘油三酯可能会导致动脉硬化或动脉壁增厚，从而增加罹患卒中、心脏病的风险。检测血清甘油三酯水平具有重要临床意义，为肥胖、糖尿病、非酒精性脂肪肝等代谢综合征及甲状腺功能减退症等疾病的预防和诊断提供参考。

（五）注意事项

1. 实验中使用的多种易挥发有机溶剂，需保持实验环境的通风良好，相关试剂的取用在通风橱中进行。此外，强酸强碱及强氧化剂等试剂的使用需做好实验防护。

2. 血清中甘油三酯抽提液可以有不同的有机溶剂组合，在实验时可根据条件选择。

3. 氧化剂的使用量需根据抽提的甘油三酯的量进行调整，在正式实验前可设置浓度梯度考察最佳氧化剂使用量。

（六）试剂与器材

1. 抽提液 正庚烷-异丙醇（体积比 =2∶3.5）。

2. 0.04mol/L H_2SO_4 溶液 取 2.24mL 浓硫酸加蒸馏水定容至 1000mL。

3. 异丙醇。

4. 碱水解试剂 称取 6.0g KOH 溶于 60mL 蒸馏水，再加异丙醇 40mL 混匀，置棕色试剂瓶中室温保存。

5. 氧化试剂 称取 650mg 高碘酸钠溶于 100mL 蒸馏水，加入 77g 乙酸铵，溶解后加入 60mL 冰醋酸，加水定容至 1000mL，置棕色试剂瓶中室温保存。

6. 乙酰丙酮试剂 称取 0.4mL 乙酰丙酮，加入 1000mL 蒸馏水溶解，置棕色试剂瓶中室温保存。

7. 标准液 精确称量甘油三酯标准品 1.00g，用抽提液溶解并定容至 100mL，得 10mg/mL 的贮存液，4℃保存。临前用抽提液以 1∶10 稀释，得 1mg/mL 的标准液。

8. 器材 可见光分光光度计、中号试管、移液器、移液器吸头、恒温水浴锅。

二、血清甘油三酯的测定（GPO-PAP 法）

（一）实验原理

血清甘油三酯的酶催化法是以脂肪酶（LP）水解甘油三酯生成甘油和脂肪酸，甘油在甘油激酶（GK）的催化下生成磷酸甘油，而后用甘油-3-磷酸氧化酶（GPO）催化继续生成过氧化氢，最后在 POD 催化下过氧化氢将 4-氨基安替比林（4-AAP）与苯酚类/苯胺类化合物氧化缩合生成红色的醌亚胺类化合物，在波长 505nm 处有最大光吸收（图 2-10）。PAP 是过氧化物酶

(peroxidase)、4-氨基安替比林(aminoantipyrine)、4-氯酚(chlorophenol)的字母缩合。该方法因其结果稳定、灵敏度高、不用设置空白血清对照、可实现自动化检测等优势而被临床广泛采用。

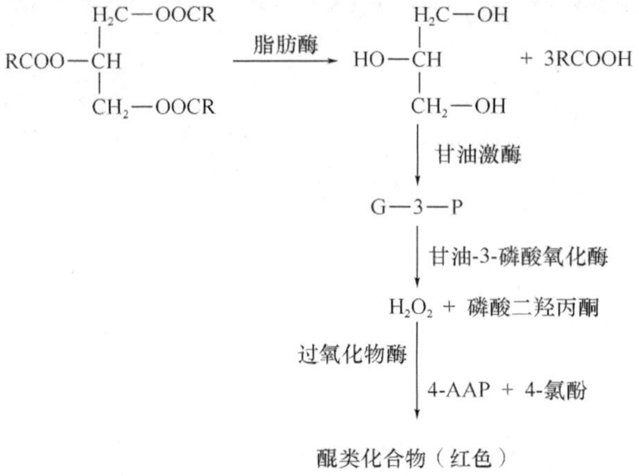

图 2-10 血清甘油三酯的测定(GPO-PAP 法)实验原理

(二)实验操作

工作液配制:根据样品数量计算需要的工作液体积,按显色剂∶酶试剂 =4∶1 的比例混合,制得工作液。

取 3 支干净试管,按表 2-23 操作。

表 2-23 血清甘油三酯的测定(GPO-PAP 法)

试剂(mL)	1(空白管)	2(标准管)	3(待测管)
上清液	—	—	0.01
标准液	—	0.01	—
蒸馏水	0.01	—	—
工作液	1.0	1.0	1.0

试剂加入后混匀,37℃保温 10min,以 1 号管(空白管)溶液调零,在波长 505nm 处测定 2 号及 3 号试管中溶液的吸光度值。

(三)结果计算

$$C = \frac{A_3 C_2}{A_2}$$

上式中,C 为待测血清样品中甘油三酯的浓度(mg/mL);A_2 为 2 号试管的吸光度值;A_3 为 3 号试管的吸光度值;C_2 为 2 号试管中标准品的甘油三酯浓度,即 2mg/mL。

(四)临床意义

同“血清甘油三酯的测定(化学法)”。

(五)注意事项

1. 酶催化法中配制好的催化酶溶液,应妥善保管于 4℃并尽快使用,当试剂出现红色则不能使用。甘油三酯标准品应 4℃冷藏,切勿冻存以免浑浊。

2. 为了获得更为准确的结果,建议设置梯度标准品浓度,并建立标准曲线。

3. 如果血清样品中甘油三酯含量过高,应设置适当的稀释比例,检测稀释后样品。

4. 预实验中建议在波长 500～550nm 范围测试最佳检测波长。

5. 维生素含量大于 0.18g/L、血红蛋白高于 2g/L、胆红素高于 0.25g/L 时，强还原剂如巯基乙醇均会干扰测定。

（六）试剂与器材

1. 标准液　准确称取 200mg 甘油三酯，用异丙醇定容至 100mL，4℃保存备用。

2. 显色剂　0.1mmol/L Tris-HCl 缓冲液，2.2mmol/L 4-氯酚。

3. 酶试剂　3000U/L 脂蛋白脂肪酶，1500U/L GK，12 500U/L POD，3000U/L GPO，1.3mmol/L 4-AAP，1.8mmol/L ATP，12.5mmol/L $MgCl_2$。

4. 器材　可见光分光光度计、中号试管、微量移液器及配套吸头、恒温水浴锅、涡旋混合器。

【课堂作业】

记录实验结果，书写实验报告。

【复习思考题】

1. 实验中血清为何需新鲜且没有发生溶血？
2. 化学法和 GPO-PAP 法测定甘油三酯各自的优缺点有哪些？

【参考文献】

陈文祥, 2008. 血清甘油三酯测定的方法学沿革和标准化. 中华检验医学杂志, 31(4): 476-480.

中华人民共和国卫生行业标准, WS/T355-2011 血清甘油三酯的酶法测定.

实验十二　血清高密度脂蛋白-胆固醇含量的测定

【学习目的要求】

1. 掌握血清高密度脂蛋白-胆固醇测定的实验原理。
2. 熟悉实验操作。
3. 了解血清高密度脂蛋白-胆固醇测定的临床意义。

【实验教学内容】

（一）实验原理

从血清中分离出高密度脂蛋白-胆固醇（high density lipoprotein-cholesterol，HDL-C），加入胆固醇酯酶催化水解得到长链脂肪酸及游离胆固醇，游离胆固醇经胆固醇氧化酶催化生成胆甾烯酮和过氧化氢，在过氧化物酶催化下过氧化氢与4-AAP（4-氨基安替比林）及苯酚/苯胺类似物反应，生成红色的醌亚胺类化合物，可用比色法测定（图2-11）。

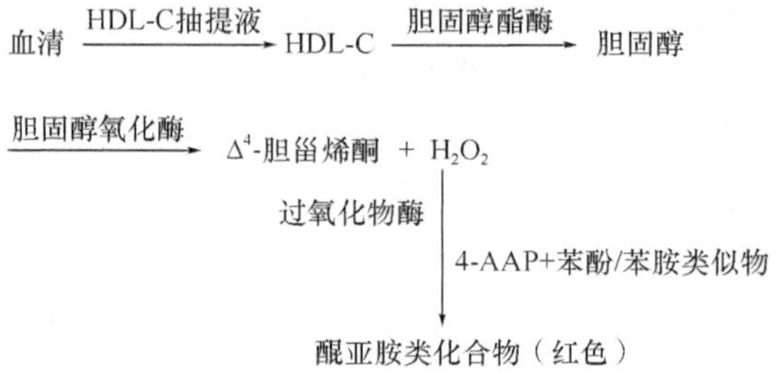

图2-11　血清高密度脂蛋白-胆固醇含量的测定实验原理

（二）实验操作

取100μL血清，加入等体积的HDL-C抽提液，充分混匀，常温静置10min，3000r/min常温离心15min，取上清液。

取3支干净试管，按表2-24操作。

表2-24　血清高密度脂蛋白-胆固醇的测定（酶法）

试剂（mL）	1（空白管）	2（标准管）	3（待测管）
上清液	—	—	0.04
胆固醇标准液	—	0.04	—
蒸馏水	0.04	—	—
酶工作液	3.0	3.0	3.0

混匀，37℃保温15min。以1号管（空白管）溶液调零，在波长500～550nm范围测定2号及3号试管中溶液的吸光度值。

（三）结果计算

$$C = \frac{A_3 C_2}{A_2}$$

上式中，C为待测血清样品中HDL-C的浓度（mg/dL）；A_2为2号试管的吸光度值；A_3为3号试管的吸光度值；C_2为2号试管中胆固醇标准品的浓度，即200mg/dL。

（四）临床意义

HDL-C是HDL分子所携的胆固醇，高密度脂蛋白可协助周围组织中的胆固醇转变为胆固醇酯并进入HDL内核逐渐成熟，随后经循环系统运送到肝脏降解，是体内胆固醇逆向运输的主要形式。众多流行病学研究表明，HDL-C水平与动脉粥样硬化、冠心病等心血管疾病呈负相关，因此，HDL-C检测对于临床相关疾病的预防与诊治有重要参考价值。通常个体血清HDL-C水平小于40mg/dL可能预示有患冠心病的风险。

（五）注意事项

1. 从血清样品中分离HDL-C有多种途径，包括超速离心法、电泳法、化学沉淀法、酶解法及特异性抗体结合等，可根据实验需要采取合适的分离方法。同时，HDL-C的抽提试剂也有不同种类，包括多阴离子化合物及阴离子表面活性剂等。

2. 为了获得更为准确的结果，建议设置梯度标准品浓度，并建立标准曲线。

3. 预实验中建议在波长500～550nm范围测试最佳检测波长。

（六）试剂与器材

1. HDL-C抽提液（磷钨酸钠-镁） 称取磷钨酸4g溶于50mL蒸馏水中，然后加入16mL的1mol/L NaOH，混匀后再加蒸馏水至100mL，调节pH为7.6。取此储存液40mL，加入10mL 2mol/L $MgCl_2$后生理盐水定容至100mL。

2. 胆固醇标准液（200mg/dL） 准确称取200mg胆固醇，用异丙醇定容至100mL，4℃保存备用。

3. 酶工作液 50mmol/L Good’s缓冲液（pH=6.7），200U/L胆固醇酯酶，100U/L胆固醇氧化酶，3000U/L过氧化物酶，0.3mmol/L 4-AAP，5mmol/L苯酚。

4. 器材 紫外分光光度计、中号试管、微量移液器及配套吸头、恒温水浴锅、涡旋混合器、离心机。

【课堂作业】

记录实验结果，书写实验报告。

【复习思考题】

1. 血清HDL-C的测定还有哪些可行的方法？
2. 查阅文献，讨论HDL-C在临床中除了与心血管疾病有关，是否还参与了其他疾病的发生发展过程？
3. 请设计实验测定鸡蛋黄中胆固醇含量。

【参考文献】

鄢盛恺, 林其燧, 1998. 高密度脂蛋白胆固醇的检测方法及标准化研究进展. 中华医学检验杂志, 21(1): 4.

张丽娇, 曾洁, 王思明, 等, 2015. 血清高密度脂蛋白胆固醇测定基质效应研究. 中华检验医学杂志, 38 (11): 737-741.

实验十三　酮体代谢的定性观察

【学习目的要求】

1. 掌握测定酮体生成与利用的方法。
2. 了解酮体生成组织定位。

【实验教学内容】

一、亚硝基铁氰化钠显色法

（一）实验原理

在肝脏线粒体中，脂肪酸经β氧化生成的过量乙酰辅酶A缩合成酮体。酮体包括乙酰乙酸、*β*-羟丁酸和丙酮3种化合物。肝脏不能利用酮体，只有在肝外组织，尤其是心脏和骨骼肌中，酮体方可以转变为乙酰辅酶A而被氧化利用。

本实验以丁酸为基质，与肝匀浆（含有酮体生成的酶系）一起保温即有酮体生成。酮体可与亚硝基铁氰化钠发生显色反应，生成紫红色的化合物。然而，经过同样处理的肌肉匀浆，则不产生酮体，因此与显色粉混合不产生显色反应。另外，当在有肝脏和肌组织共存的情况下，再测定酮体的生成，借此观察显色反应颜色的变化及其深浅来帮助我们理解酮体的生成和利用。

（二）实验操作

1. 肝匀浆和肌匀浆的制备　用颈椎断裂法将鼠处死，取出肝脏，用0.9% NaCl溶液洗去污血，放滤纸上吸去表面的水分。称取肝组织1.0g置匀浆器中，加入pH 7.4的0.1mol/L磷酸盐缓冲液5mL，制成肝组织匀浆；同时，取鼠后腿肌肉1g，按上述方法和比例，制成肌组织匀浆。

2. 取试管5支，编号后按表2-25，加入各种试剂。

表2-25　亚硝基铁氰化钠显色法操作表

试剂（滴）	1	2	3	4	5
洛克溶液	15	15	15	15	15
0.5mol/L丁酸溶液	30		30	30	30
0.1mol/L磷酸盐缓冲液	15	15	15	15	15
肝匀浆	20	20	—	—	10
肌匀浆	—	—	—	20	10
蒸馏水	—	30	20	—	—
摇匀，37℃水浴20min					
15%三氯乙酸溶液	20	20	20	20	20

3. 取出各管，摇匀混合，用滤纸过滤或离心5min（3000r/min），将滤液或上清液分别收集在5支试管中。

4. 分别吸取上述各管滤液置于凹白瓷反应板上，每凹加入显色粉一小匙，观察所产生的颜色反应，记录下各凹中的颜色变化，并说明原因。

（三）试剂与器材

1. 0.9% NaCl溶液。

2. 洛克溶液　取 NaCl 0.9g，KCl 0.042g，$CaCl_2$ 0.024g，$NaHCO_3$ 0.02g，葡萄糖 0.1g，混合后加水溶解，定容至 100mL。

3. 15% 三氯乙酸溶液。

4. 0.5mol/L 丁酸溶液　取 44.0g 丁酸溶于 0.1mol/L NaOH 溶液中，定容至 1.0L。

5. 0.1mol/L 磷酸盐缓冲液（pH 7.4）　准确称取 $Na_2HPO_4 \cdot 2H_2O$ 7.74g 和 $NaH_2PO_4 \cdot H_2O$ 0.897g，用蒸馏水稀释至 500mL，精确测定 pH。

6. 显色粉　亚硝基铁氰化钠 1.0g，无水 Na_2CO_3 30g，$(NH_4)_2SO_4$ 50g，混合后研碎。

7. 器材　试管、胶头滴管、玻璃匀浆器、台式低速离心机、凹白瓷反应板。

二、碘氧化法

（一）实验原理

本实验以丁酸为基质，与肝匀浆（含有酮体生成的酶系）一起保温，然后测定肝匀浆液中酮体的生成量。另外，在肝脏和肌组织共存的情况下，再测定酮体的生成量。在这两种不同条件下，酮体含量会有差别。本实验主要测定的是丙酮的含量。

酮体测定的原理：在碱性溶液中碘可将丙酮氧化成为碘仿。以硫代硫酸钠滴定剩余的碘，可以计算所消耗的碘，由此也就可以计算出酮体（以丙酮为代表）的含量。反应式如下：

$$CH_3COCH_3 + 3I_2 + 4NaOH \longrightarrow CHI_3 + CH_3COONa + 3NaI + 3H_2O$$

$$I_2 + 2Na_2S_2O_3 \longrightarrow Na_2S_4O_6 + 2NaI$$

（二）实验操作

1. 标本的制备　同亚硝基铁氰化钠显色法中肝匀浆和肌匀浆的制备。

2. 保温和沉淀蛋白质　取试管 3 支，编号，按表 2-26 操作。

表 2-26　保温和沉淀蛋白质操作表

试剂（mL）	A	B	C
肝匀浆	—	2.0	2.0
预先煮沸的肝匀浆	2.0	—	—
pH 7.4 的磷酸盐缓冲液	4.0	4.0	4.0
丁酸溶液	2.0	2.0	2.0
37℃水浴保温 30min			
肌匀浆	—	4.0	—
预先煮沸的肌匀浆	4.0	—	4.0
37℃ 水浴保温 30min			
15% 三氯乙酸溶液	3.0	3.0	3.0

摇匀后，用滤纸过滤，将滤液分别收集在 3 支试管中，为无蛋白滤液。

3. 酮体的测定　取试管 3 支，按表 2-27 操作。

表 2-27　酮体测定操作表

试剂（mL）	1	2	3
无蛋白滤液	5.0	5.0	5.0
0.1mol/L 碘液	3.0	3.0	3.0
10% NaOH 溶液	3.0	3.0	3.0
摇匀，静置 10min			
10% HCl 溶液	3.0	3.0	3.0

摇匀，加 1% 淀粉液 1 滴呈蓝色，分别用 0.02mol/L $Na_2S_2O_3$ 溶液滴定至溶液呈亮绿色为止。

（三）结果计算

肝脏生成的酮体量（mmol/g）=（C–A）×$Na_2S_2O_3$ 的摩尔数 ×1/6

肌肉利用的酮体量（mmol/g）=（C–B）×$Na_2S_2O_3$ 的摩尔数 ×1/6

A 为滴定样品 1 消耗的 $Na_2S_2O_3$ 毫升数。B 为滴定样品 2 消耗的 $Na_2S_2O_3$ 毫升数。C 为滴定样品 3 消耗的 $Na_2S_2O_3$ 毫升数。

（四）临床意义

严重饥饿或未经治疗的糖尿病患者体内可产生大量的乙酰乙酸。其原因是饥饿状态和胰岛素水平过低都会耗尽体内糖的储存。肝外组织不能从血液中获取充分的葡萄糖，为了获取能量，肝中的糖异生作用就会加速，肝和肌肉的脂肪酸氧化也同样加速，并动员蛋白质的分解。脂肪酸氧化加速产生出大量的乙酰辅酶 A，糖异生作用使草酰乙酸供应耗尽，而后者又是乙酰辅酶 A 进入三羧酸循环所必需的，在此种情况下，乙酰辅酶 A 不能正常进入三羧酸循环，而转向生成酮体的方向。这时，①血液中出现大量丙酮，它是有毒的。丙酮有挥发性和特殊气味，常可从患者的气息中嗅到，可借此对疾患做出诊断。②血液中出现的乙酰乙酸和 β-羟丁酸，使血液 pH 降低，以致发生“酸中毒”，另外尿中酮体显著增高，这种情况称为“酮症”。如表 2-28 所示，上述的血液或尿中的酮体过高都可以导致昏迷，有时甚至死亡。

表 2-28 糖尿病酮症中酮体的累积

	尿液中酮体排泄量（mg/24h）	血液中酮体浓度（mg/100mL）
正常	≤125	<3
严重酮病（未治疗的糖尿病）	5000	90

（五）试剂与器材

1. 0.1% 淀粉液。

2. 0.9% NaCl 溶液。

3. 15% 三氯乙酸溶液。

4. 10% NaOH 溶液。

5. 10% HCl 溶液。

6. 0.5mol/L 丁酸溶液 取 5mL 丁酸溶于 100mL 0.5mol/L NaOH 溶液中。

7. 0.1mol/L 碘液 取 I_2 12.5g 和 KI 25g 加水溶解，稀释至 1000mL，用 0.1mol/L $Na_2S_2O_3$ 溶液标定。

8. 0.02mol/L$Na_2S_2O_3$ 溶液 24.82g $Na_2S_2O_3 \cdot 5H_2O$ 和 400mg 无水 Na_2CO_3 溶于 1000mL 刚煮沸的水中，配成 0.1mol/L 溶液，用 0.1mol/L KIO_3 溶液标定。临用时将标定的 $Na_2S_2O_3$ 溶液稀释成 0.02mol/L。

9. 器材 试管、移液管、玻璃匀浆器、锥形瓶、滴定管。

（六）示范操作

玻璃匀浆器的使用；台式低速离心机的使用。

【课堂作业】

观察实验结果，书写实验报告。

【复习思考题】

为什么只有在肝外组织，酮体才可以被氧化利用？

【参考文献】

刘颖, 马良, 付平, 2023. 酮体代谢与肾脏疾病. 四川大学学报 (医学版), 54(6): 1091-1096.

实验十四　转氨基作用

【学习目的要求】

1. 掌握转氨基作用反应的原理及操作过程。
2. 熟悉纸层析的操作。
3. 了解肝匀浆的制备方法。

【实验教学内容】

（一）实验原理

体内 α-氨基酸的 α-氨基，在氨基转移酶（或转氨酶）的作用下，被移换至 α-酮酸的过程，称为转氨基作用。此类酶具有一定的特异性，普遍存在于动物各组织中。

在本实验当中谷氨酸与丙酮酸，利用肝匀浆中的丙氨酸氨基转移酶（ALT）进行转氨基反应，然后以纸层析法验证反应体系中丙氨酸的生成，其反应过程见图 2-12。

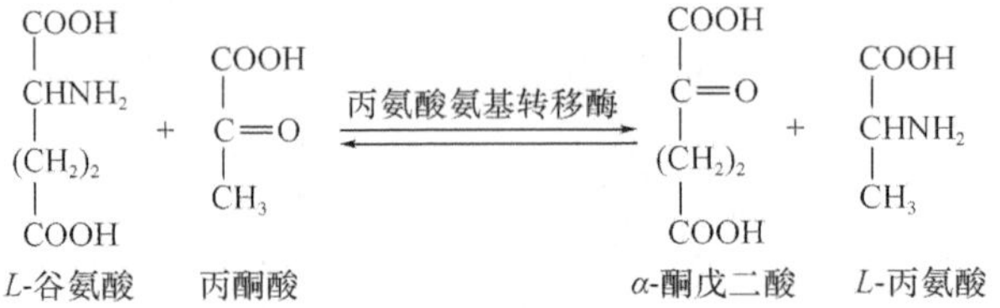

图 2-12　转氨基反应

（二）实验操作

1. 肝匀浆的制备　取一只小白鼠，剪颈放血处死后，剖腹取出肝脏，用 0.9% NaCl 溶液洗去血液并用滤纸吸干。称取肝脏约 1.0g，置于玻璃匀浆器中，然后加 0.01mol/L pH 7.4 磷酸盐缓冲液 5.0mL 研磨成匀浆。

2. 转氨基反应

（1）取小试管 2 支，分别编为 1、2 号，各加肝匀浆 10 滴，并将 2 号管置沸水浴中加热 5min。

（2）两管各加 1% 谷氨酸钾溶液 10 滴、1% 丙酮酸钠溶液 10 滴，同置 40℃ 水浴中保温 30min，并同时振荡内容物。

（3）取出，向两管各加 2% 乙酸溶液 2 滴，再同置沸水浴中 5min，静置片刻，取上清液。

3. 层析验证

（1）在 10cm×20cm 滤纸上，距短边 2.5cm 处用铅笔轻轻画一线（原线），在原线上，每隔 2.0cm 处用铅笔做记号，并在线下底边注明 1、2、谷氨酸、丙氨酸。

（2）分别用毛细管吸取 1 号液、2 号液在层析滤纸上点样，注意点样不可太大，一般直径 0.3cm 为宜，然后分别点上谷氨酸、丙氨酸作为标准，置层析缸中展开 1h。

（3）取出滤纸晾干，用铅笔画出展开剂的位置。对展开区喷以 0.1% 茚三酮乙醇溶液，置 80℃烘箱或者用电吹风热风吹 3～5min，观察斑点并进行测量。

（三）试剂与器材

1. 0.01mol/L 磷酸盐缓冲液（pH 7.4）。

2. 1% 谷氨酸钾溶液　取谷氨酸 1.0g 加水 20mL，用 5% KOH 调到中性，然后用 0.01mol/L pH 7.4 磷酸盐缓冲液稀释至 100mL。

3. 1% 丙酮酸钠溶液 取丙酮酸钠 1.0g，加 100mL 0.01mol/L pH 7.4 磷酸盐缓冲液溶解。

4. 2% 乙酸溶液。

5. 展开剂（水饱和苯酚） 水：苯酚 = 40：60 成饱和后，分层去掉水。

6. 0.1% 丙氨酸溶液 取丙氨酸 0.1g，加 100mL 0.01mol/L pH 7.4 磷酸盐缓冲液溶解。

7. 0.1% 谷氨酸溶液 取 1% 谷氨酸钾溶液用 0.01mol/L 磷酸盐缓冲液 10 倍稀释。

8. 0.1% 茚三酮乙醇溶液。

9. 器材 试管及试管架、剪刀、小天平、研钵（或玻璃匀浆器）、离心管、烧杯、恒温水浴锅、10cm×20cm 层析滤纸、层析缸、喷雾器、吹风机、烘箱等。

（四）示范操作

玻璃匀浆器的使用。

（五）设计型实验

某人被怀疑患有急性肝炎，请设计一种实验方案予以诊断参考。

【课堂作业】

记录实验结果，完成实验报告。

【复习思考题】

1. 试述心肌中氨基酸的脱氨基过程。
2. 实验中 2 号管为何需加热？
3. 试述茚三酮反应的原理。
4. 影响酶促反应速度的因素有哪些？

【参考文献】

游云悠, 魏友煜, 左越, 等, 2020. 转氨基作用与氨基酸纸层析实验的改进. 湖北科技学院学报 (医学版), 34(2): 99-101.

Liu J, Ding X, Wu Y, et al. , 2024. Redesigning transamination and decarboxylation characteristics of L-aspartate aminotransferase by site directed mutation of non-active site. Molecular Catalysis, 553: 8.

实验十五　血清转氨酶活性测定

【学习目的要求】

1. 掌握血清 ALT 测定的实验原理。
2. 熟悉 ALT 测定的实验操作。
3. 了解 ALT 测定的临床意义。

【实验教学内容】

一、血清 ALT 的测定（2,4-二硝基苯肼法，赖氏法）

（一）实验原理

以丙氨酸和 α-酮戊二酸为底物，在血清 ALT 的作用下，生成丙酮酸和谷氨酸。丙酮酸能与2,4-二硝基苯肼结合，生成丙酮酸二硝基苯腙，后者在碱性溶液中呈现棕色，可用于比色测定（图 2-13）。

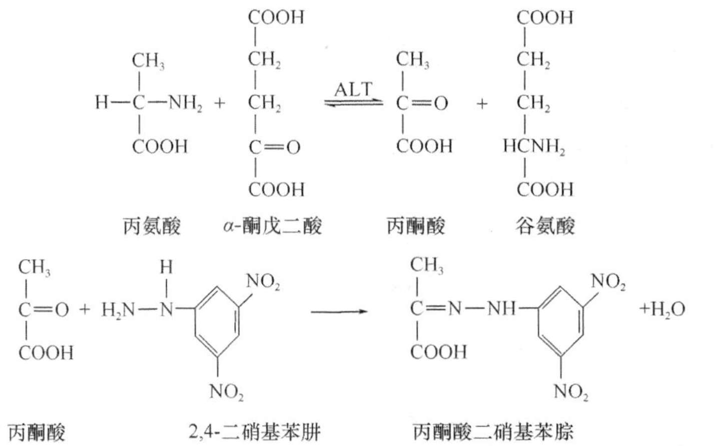

图 2-13　血清 ALT 的测定实验原理

α-酮戊二酸虽也能与 2,4-二硝基苯肼结合成相应的苯腙，但后者在碱性溶液中，吸收光谱与丙酮酸二硝基苯腙有所不同，在 510nm 波长下，α-酮戊二酸二硝基苯腙的光吸收能力远低于丙酮酸二硝基苯腙。因此，在反应后，α-酮戊二酸减少而丙酮酸增加，反应前后样本在 510nm 波长处吸光度增加的程度与反应体系中丙酮酸与 α-酮戊二酸的含量比例呈线性关系。

（二）实验操作

取干燥洁净试管 3 支，编号，按表 2-29 加入试剂，混匀。

表 2-29　2,4-二硝基苯肼法操作表

加入物（μL）	B（空白）	S（标准）	U（待测）
基质液	250	250	250
ALT 标准液	—	50	—
待测液	—	—	50
蒸馏水	50	—	—

续表

加入物（μL）	B（空白）	S（标准）	U（待测）
混匀，37° 水浴 20min			
显色剂	250	250	250
混匀，37° 水浴 10min			
4mol/L NaOH 溶液	2500	2500	2500

室温放置 3min，以空白管调零，在 510nm 波长处读取标准管和测定管的吸光度值（*A*），然后按下面公式计算。

（三）结果计算

血清 ALT 浓度 =（测定管吸光度/标准管吸光度）× 标准管浓度

血清 ALT 浓度正常值：0～50U/L。

（四）临床意义

ALT 广泛存在于机体的各种组织中，尤以肝脏的含量最高。在正常人的血清中，此酶活性甚低。用 2,4-二硝基苯肼法测定时为 0～50U/mL；用金氏法测定时为（91±35.8）U/100mL。当肝脏有病变特别是急性肝炎及中毒性肝细胞坏死时，血清中 ALT 活性显著增高。其次在肝癌、肝硬化及胆道疾病时，此酶活性也可见中度或轻度的增高，故血清 ALT 活性的测定已成为目前临床上诊断肝脏疾病的一种重要方法。但须指出，在其他一些疾病（如心肌梗死时），也可有血清 ALT 活性增高。

（五）注意事项

1. 血清标本不宜溶血，且最好在采血的当天进行测定，如不能当天测定者，可储存于冰箱中 1～2 天。

2. 如所得的吸光度值已超过标准曲线的直线部分，表示酶活性过高，此时须将血清稀释 10 倍后重新测定。

3. 测定结果与作用时间、温度及试剂的 pH 有密切关系，在操作时应准确掌握。

（六）试剂与器材

1. 基质液　*L*-丙氨酸 200.0mmol/L、*α*-酮戊二酸 2mmol/L。

2. 显色剂　2,4-二硝基苯肼 1.0mmol/L。

3. 4.0mol/L NaOH 溶液。

4. 标准液　ALT 50U/L。

5. 待测液　患者血清或质控血清。

6. 器材　水浴锅、分光光度计、微量移液器或刻度吸管、试管等。

二、血清 ALT 测定（连续监测法）

（一）实验原理

连续监测法测定 NADH 被氧化为 NAD^+，可在波长 340nm 处连续监测到 NADH 的消耗量，从而计算出 ALT 活性单位。

在 ALT 连续监测法测定中，首先使血清与缺少 *α*-酮戊二酸的底物溶液混合，37℃保温 5min，将样品中所含的 *α*-酮酸（如丙酮酸）消耗完；然后，加入 *α*-酮戊二酸启动 ALT 催化的反应，在波长 340nm 处连续监测吸光度下降速率。根据线性反应期吸光度下降速率（$-\Delta A$/min），计算 ALT 的活性浓度。

$$L\text{-丙氨酸} + \alpha\text{-酮戊二酸} \xrightarrow{\text{ALT}} \alpha\text{-丙酮酸} + L\text{-谷氨酸}$$

$$\alpha\text{-丙酮酸} + \text{NADH} \xrightarrow{\text{LDH}} \text{乳酸} + \text{NAD}$$

（二）实验操作

1. 手工操作法

（1）向光径1.0cm的石英比色皿中加入血清100μL，并加1000μL试剂Ⅰ，混匀，37℃温育5min。

（2）然后加入100μL试剂Ⅱ，混匀，启动ALT催化反应。

（3）在波长340nm处，延滞期30s，连续监测吸光度下降速率60s。根据线性反应期吸光度下降速度（$-\Delta A$/min），计算出ALT活性单位。

2. 自动生化分析仪操作程序的设置 按手工操作法的设置，根据各实验室拥有的分析仪型号及操作说明书而设置。

（三）结果计算

$$\text{ALT}(\text{U/L}) = \Delta A/\text{min} \times \frac{10^6}{6220} \times \frac{1.2}{0.1} = \Delta A/\text{min} \times 1929$$

式中，6220为NADH在波长340nm处的摩尔吸光系数，参考范围：5～40U/L。

（四）注意事项

1. 使用连续监测法测定酶的活性时，要求使用的分光光度计带宽≤6nm，比色杯光径1.0cm，具有（37±0.1）℃的恒温装置。试剂空白测定值以蒸馏水代替血清，测定ALT活性单位，规定测定值应小于5U/L。由于试剂空白的读数来自工具酶中的杂酶及NADH自发氧化，在报告结果时应扣除每批试剂的空白测定值。

2. 血清不宜反复冰冻保存，以免影响酶活性。血清置4℃冰箱1周，酶活性无显著变化，不推荐冰冻保存ALT测定标本，而宜用新鲜血清标本。草酸盐、肝素、枸橼酸盐虽不抑制酶活性，但可引起反应液轻度浑浊。血液浑浊时可影响测定结果或无法测定（如血脂过高、血清蛋白变质等）。红细胞内ALT含量为血清中3～5倍，应避免使用溶血标本。

3. ALT测定中存在两个副反应：①血清中存在的α-酮酸（如丙酮酸）能消耗NADH。②血清中谷氨酸脱氢酶（GLDH）增高时，在有氨存在条件下，亦能消耗NADH。上述副反应都能消耗NADH，使波长340nm处吸光度下降速度（$-\Delta A$/min）增加，使测定结果偏高。但连续监测法中，因温育期长，能有效地消除干扰反应，测定准确性高，因而是ALT测定的首选方法。连续监测法还可降低试剂中LDH的用量。至于NH_4^+的干扰，除严重肝病时血清谷氨酸脱氢酶活性增高和血氨增高外，一般血清中NH_4^+的含量甚微，此干扰不大。

4. 在AACC（美国临床化学协会）或IFCC（国际临床化学和实验室医学联盟）推荐的试剂盒中，含有磷酸吡哆醛（P-5′-P），根据我国的实际情况和习惯，国家卫生健康委临床检验中心的推荐方法试剂中不加P-5′-P。

（五）试剂与器材

1. 试剂Ⅰ Tris缓冲液100mmol/L、*L*-丙氨酸溶液500mmol/L、NADH 0.18mmol/L、LDH 1200U/L，调节至pH 7.3。

2. 试剂Ⅱ 15mmol/L α-酮戊二酸。

3. 待测标本 患者血清或质控血清。

4. 器材 水浴锅、离心机、全自动生化分析仪或半自动生化分析仪、刻度吸管、试管等。

【课堂作业】

观察实验结果，书写实验报告。

【复习思考题】

1. 氨基酸的脱氨基作用有几种方式？哪种最重要？
2. 体内的转氨酶主要有哪两种？测定它们的临床意义分别是什么？

【参考文献】

杨晓靖, 2004. 2 种测定血清丙氨酸氨基转移酶方法的比较. 检验医学，(5): 440-443.

实验十六　直接碘量法测定不同原材料中的维生素 C 含量

【学习目的要求】

1. 掌握直接碘量法测定维生素 C 含量的原理。
2. 熟悉测定维生素 C 含量的操作步骤和临床意义。
3. 了解维生素 C 含量测定的试剂配制。

【实验教学内容】

（一）实验原理

维生素 C 又称抗坏血酸，分子式为 $C_6H_8O_6$，分子量为 176.12Da，无色无臭，易溶于水。人体不能合成维生素 C，必需由食物提供。维生素 C 广泛存在于新鲜蔬菜和水果中，不同果蔬中维生素 C 的含量存在差异。测定维生素 C 的常见方法有直接碘量法、钼蓝比色法、荧光光度法、二氯酚靛酚滴定法、二硝基苯肼分光光度法等。

直接碘量法因具有简单可靠、准确性较高等优势而经常被采用。维生素 C 是一种烯醇式己糖酸内酯，分子中的烯二醇基具有还原性，能被 I_2 氧化成二酮基：

$$C_6H_8O_6 + I_2 \longrightarrow C_6H_6O_6 + 2HI$$

淀粉能与 I_2 生成蓝色吸附化合物。在滴定终点之前，滴加的 I_2 与维生素 C 反应生成碘离子，碘离子不能与淀粉显色；待还原性物质维生素 C 全部被氧化后，再滴加 I_2，则这些微量的 I_2 可立即与淀粉结合显色，因此，可以利用淀粉溶液作为指示剂，反映滴定终点，根据 I_2 的消耗量，可计算出样品中所含的维生素 C 含量。其中，滴定终点时消耗 I_2 溶液的体积与滴定维生素 C 溶液中维生素 C 的浓度为线性关系。

维生素 C 在空气中易被氧化，在中性和碱性溶液中也容易被氧化破坏，而在酸性溶液中较为稳定。但 I_2 在强酸性溶液中易被氧化，故在测定时可以调节溶液至弱酸性（pH 3～4），以减少副反应的发生。

（二）实验操作

1. I_2 溶液的标定　称量 0.1g As_2O_3，放置于烧杯中，加入 4mL 1mol/L NaOH 溶液，搅拌溶解，加蒸馏水定容至 20mL，加入 1 滴酚酞指示剂，滴加 1mol/L H_2SO_4 溶液至粉色褪去，再加入 2g $NaHCO_3$、30mL 蒸馏水和 2mL 淀粉指示剂。取待标定的 I_2 溶液滴定上述溶液至显浅蓝色，记录所消耗的 I_2 溶液的体积，计算 I_2 溶液的浓度（C_{I_2}，mg/L）。

2. 果蔬样品的制备　洗净，擦干其外部附着的水分，称取一定重量（$m_{样}$，g），放入研钵，加入适量 2% 草酸溶液浸润样品，研磨至糊状；从研钵中尽可能的移取样品，利用 2% 草酸溶液将其定容至 100mL，备用。

3. 血清样品的制备　取血清 0.5mL，称量其重量（$m_{样}$，g），利用新煮沸并冷却的蒸馏水将其定容至 100mL，备用。

4. 样品中维生素 C 含量的测定　取上述果蔬样品或血清样品 25mL，加入 0.5% 淀粉指示剂 1mL，用步骤 1 中已标定的 I_2 溶液进行滴定，直至出现稳定的浅蓝色，30s 内不褪色则认定为滴定终点，记录消耗的 I_2 溶液体积（V_{I_2}，L）。平行测定 3 次，分别计算样品中维生素 C 的含量，取平均值，为最终测定结果。

（三）结果计算

$$维生素C（mg/g）=\frac{C_{I_2}V_{I_2}\times 4}{m_{样}}$$

（四）注意事项

1. 碘具有挥发性和腐蚀性，应当放置于表面皿上称量。

2. 三氧化二砷有剧毒，实验人员应当注意防护。

3. 应当注意滴定实验中关于终点的判断，滴定速度不宜过快。

4. 维生素 C 易被氧化，待测样品应当现用现制，制备完成后应当立即滴定。

（五）试剂与器材

1. 2% 草酸溶液　量取 10g 草酸，加蒸馏水，定容至 500mL。

2. 2mol/L 乙酸溶液　量取 120g 乙酸，加蒸馏水，定容至 1000mL。

3. I_2 溶液　称取 18g KI 于烧杯中，加蒸馏水 25mL，搅拌溶解。称取 6.5g I_2，加入上述 KI 溶液中，搅拌至 I_2 完全溶解，加入 2 滴 2mol/L 乙酸溶液，转移至棕色容量瓶中，定容至 500mL。

4. 0.5% 淀粉指示剂　称取 0.5g 可溶性淀粉于烧杯中，加 10mL 冷蒸馏水，搅拌至浆状，随后将其缓慢滴加入 50mL 煮沸的蒸馏水中，搅拌，用蒸馏水定容至 100mL。

5. 器材　滴定管、分析天平、微量移液器、容量瓶、烧杯。

（六）示范操作

移液器的使用；容量瓶的使用；滴定过程。

（七）临床意义

1. 维生素 C 参与体内的氧化还原反应：维生素 C 可保持巯基酶的活性和谷胱甘肽的还原状态，起到解毒作用，如防止膜脂的不饱和脂肪酸被氧化导致的细胞膜受损；铅、汞等重金属离子引起的中毒。

2. 维生素 C 参与体内多种羟化反应：代谢物的羟化反应是生物氧化的一种方式，维生素 C 是羟化反应中不可缺少的辅因子。该作用可促进胶原蛋白的合成、影响胆固醇和芳香族氨基酸的代谢等。

3. 维生素 C 可防止贫血、改善变态反应、刺激免疫系统。

（八）设计型实验

请结合本实验的基本原理，设计一个以绘制标准曲线的方式测定样品中维生素 C 含量的方案。

【课堂作业】

观察实验结果，书写实验报告。

【复习思考题】

1. 为什么本实验要尽量选择新鲜果蔬？
2. 为什么利用新煮沸并放冷的蒸馏水溶解血清样品？
3. 人血清中维生素 C 的含量一般是在什么区间范围？
4. 为什么配制 I_2 溶液时要加入 KI？

【参考文献】

杨丽, 麦振龙, 朱良, 等, 2018. 果蔬中维生素 C 含量的测定方法比较与优化. 安徽农业科学, 46(22): 232-233.

杨玉萍, 2012. 直接碘量法测定果蔬中维生素 C 含量实验教学. 新乡学院学报, 29(5): 471-472.

袁嘉怡, 马卫兴, 苏倩倩, 2025. 重氮化-偶联显色反应分光光度法测定维生素 C 片的含量. 广东化工, 52(1): 151-153.

实验十七　荧光分光光度法测定血清中维生素 E 含量

【学习目的要求】

1. 掌握荧光分光光度法测定维生素 E 含量的原理。
2. 熟悉荧光分光光度法测定维生素 E 含量的操作步骤和临床意义。
3. 了解维生素 E 含量测定的试剂配制。

【实验教学内容】

（一）实验原理

维生素 E 又称生育酚，是苯骈二氢吡喃的衍生物，不溶于水，是一种脂溶性的维生素。维生素 E 能捕捉自由基使其苯骈二氢吡喃环上酚基失去氢原子，故其易被氧化从而保护其他物质不被氧化，是动物和人体中最有效的抗氧化剂和自由基清除剂。目前测定维生素 E 含量的方法主要有荧光分光光度法、高效液相色谱法、比色法、薄层层析法等。其中荧光分光光度法特异性强，干扰性较小，操作简便，测定过程迅速，是测定样品中总维生素 E 含量的较好方法。

血清样品中含有大量蛋白质，首先利用乙醇沉淀样品中的蛋白质，再选择属于饱和烃类的正己烷作为萃取剂，抽提血清中的维生素 E。维生素 E 同系物的分子结构中具有共轭双键体系，在一定波长光的照射下可以产生荧光，且其荧光强度与样品中维生素 E 的含量成正比。

（二）实验操作

取 5 支试管，分别标记为空白管、标准管、待测管 1、待测管 2 和待测管 3，按照表 2-30 操作。

表 2-30　荧光光度法测定血清中维生素 E 含量操作表

加入物质（mL）	空白管	标准管	待测管 1	待测管 2	待测管 3
待测血清	—	—	0.25	0.25	0.25
维生素 E 标准液	—	0.25	—	—	—
双蒸水	0.5	0.25	0.25	0.25	0.25
利用涡旋仪持续振荡 1min					
双蒸乙醇	1.0	1.0	1.0	1.0	1.0
利用涡旋仪持续振荡 1min，室温静置 2min					
正己烷	5.0	5.0	5.0	5.0	5.0

利用涡旋仪持续振荡 3min，3000r/min 离心 10min，溶液出现分层，取上层正己烷层进行荧光强度（*F*）测定。激发波长和发射波长分别为 295nm 和 325nm，读取各管的吸光度值。

（三）结果计算

根据以下公式，分别计算待测管 1、2 和 3 的维生素 E 含量。

$$\text{维生素E（μmol/L）}=\frac{F_{\text{待测管}}-F_{\text{空白管}}}{F_{\text{标准管}}-F_{\text{空白管}}}\times 50$$

以 3 支测定管所求得的维生素 E 含量的平均值作为待测血清样品中维生素 E 的含量。

（四）注意事项

1. 所使用到的试剂应当不含有荧光物质，以免造成干扰。

2. 维生素 E 暴露于氧和强光中，易于分解，故配制好的维生素 E 标准液应当避光保存，整个操作过程应当迅速，并且在光线较弱的场所内进行。

3. 称量、定容等步骤应当准确。

（五）试剂与器材

1. 正己烷（不含荧光物质）。

2. 双蒸乙醇　使用前，利用无水乙醇重蒸馏而得。

3. 维生素 E 标准液（50μmol/L）　准确称取 *α*-生育酚 21.6mg 置于烧杯中，利用乙醇将其溶解，并转移至棕色容量瓶中，定容至 1000mL，4℃保存备用，建议 1 周内使用。

4. 器材　分析天平、移液器、容量瓶、烧杯、荧光分光光度计。

（六）示范操作

荧光分光光度计的使用。

（七）临床意义

1. 维生素 E 是人体中重要的抗氧化剂和自由基清除剂。维生素 E 可对抗生物膜磷脂中不饱和脂肪酸的过氧化反应，保护生物膜的结构和功能。维生素 E 能捕捉自由基，自身转变为生育酚自由基，生育酚自由基又可进一步与另一自由基反应生成生育醌。

2. 维生素 E 与动物生殖功能有关：动物缺乏维生素 E 时，会导致生殖器官受损而不育。

3. 维生素 E 能促进血红素的合成。

（八）设计型实验

请基于荧光分光光度法，设计一个测定脂肪组织中维生素 E 含量的方案。

【课堂作业】

记录实验结果，书写实验报告。

【复习思考题】

1. 测定不同物质（如奶制品、蔬菜、水果、脂肪、油等）中的维生素 E 含量时的前处理有哪些不同？

2. 健康的成人血清中总维生素 E 含量是多少？

3. 简述荧光分光光度法定量测定维生素 E 含量的可能干扰因素。

【参考文献】

郭健, 李敏, 孟妍, 2003. 测定食品中维生素 E 荧光分光光度法的探讨. 中国卫生检验杂志, 13(3): 348-349.

刘湘, 敖凯, 高艺苇, 等, 2024. 维生素 E 对围绝经期和绝经后妇女健康的影响. 国际妇产科学杂志, 51(1): 93-98.

魏帅, 吕宁, 梁成珠, 等, 2020. 婴幼儿配方乳粉中维生素 A、E 检测方法的比较研究. 食品安全质量检测学报, 11(24): 9083-9092.

实验十八　改良 J-G 法测定血清中总胆红素和结合胆红素含量

【学习目的要求】

1. 掌握改良 J-G 法测定血清中总胆红素和结合胆红素含量的原理。
2. 熟悉改良 J-G 法测定血清中总胆红素和结合胆红素含量的实验操作步骤和临床意义。
3. 了解胆红素标准液的配制。

【实验教学内容】

（一）实验原理

胆红素是人体内重要的内源性抗氧化剂，在血清中以结合和非结合两种形式存在。在正常情况下，血清中的胆红素主要是非结合胆红素；在肝内与葡萄糖醛酸结合转化的胆红素称为结合胆红素。血清结合与非结合胆红素的总和即为总胆红素。结合胆红素能迅速、直接地与重氮试剂发生反应，故又称直接胆红素。而非结合胆红素不溶于水，只有在有机溶剂作促进剂时才能与重氮试剂反应，生成偶氮胆红素，因此非结合胆红素又被称为间接胆红素。故胆红素相关检测项目一般围绕非结合胆红素、结合胆红素和总胆红素展开。

改良 J-G 法（又称咖啡因法）测定血清中结合胆红素和总胆红素含量是基于：①结合胆红素可直接与重氮试剂反应，生成紫色的偶氮胆红素，再加入叠氮钠，可破坏重氮试剂，终止结合胆红素测定的偶氮反应；②非结合胆红素不会直接发生上述反应，但在咖啡因-苯甲酸钠-乙酸钠作为加速剂，反应 pH 值为 6.5 时，其可与重氮试剂反应，产生紫色的偶氮胆红素，最后加入碱性酒石酸钠，紫色偶氮胆红素转变为蓝色偶氮胆红素，使吸收峰波长从 530nm 处移至 600nm，颜色的深浅与胆红素浓度成正比关系。

（二）实验操作

按照表 2-31 操作进行胆红素的测定。

表 2-31　改良 J-G 法测定血清中胆红素的操作步骤

加入物质（mL）	标准曲线制作管号						待测总胆红素管（T）	待测结合胆红素管（C）	对照管（V）
	0	1	2	3	4	5			
胆红素标准液	—	0.4	0.8	1.2	1.6	2.0	—	—	—
稀释用血清	2.0	1.6	1.2	0.8	0.4	—	—	—	—
血清	—	—	—	—	—	—	0.2	0.2	0.2
咖啡因-苯甲酸钠-乙酸钠溶液	1.6	1.6	1.6	1.6	1.6	1.6	1.6	—	1.6
对氨基苯磺酸溶液	—	—	—	—	—	—	—	—	0.4
重氮试剂	0.4	0.4	0.4	0.4	0.4	0.4	0.4	0.4	—
每种试剂加入后立即混匀，室温放置 10min									
叠氮钠溶液	—	—	—	—	—	—	—	0.05	—
咖啡因-苯甲酸钠-乙酸钠溶液	—	—	—	—	—	—	—	1.6	—
碱性酒石酸钠溶液	1.2	1.2	1.2	1.2	1.2	1.2	1.2	1.2	1.2

混匀后，利用蒸馏水调零，读取各管波长 600nm 处的吸光度值。

（三）结果计算

按表 2-32，以胆红素浓度为横坐标，以吸光度值为纵坐标，绘制标准曲线。

表 2-32　标准曲线的绘制

参数	1	2	3	4	5
胆红素含量（μmol/L）	34.2	68.4	103	137	171
吸光度	A_1–A_0–A_V	A_2–A_0–A_V	A_3–A_0–A_V	A_4–A_0–A_V	A_5–A_0–A_V

注：表中 A_0 是指标准曲线管中 0 号管的吸光度值；A_1～A_5 是指标准曲线管中 1～5 号管吸光度值；A_V 是指对照管的吸光度值。

待测总胆红素含量：将待测总胆红素管吸光度值（A_T）减去对照管吸光度值（A_V），所得差值代入上述标准曲线即得待测总胆红素含量。

待测结合胆红素含量：将待测结合胆红素管吸光度值（A_C）减去对照管吸光度值（A_V），所得差值代入上述标准曲线即得待测结合胆红素含量。

（四）注意事项

1. 呈色在 2h 内稳定，反应结束后，应及时测定吸光度值。

2. 胆红素对光非常敏感，故稀释用血清和胆红素标准液应当使用棕色瓶保存，必要时，用黑纸包裹储存容器。

3. 叠氮钠能破坏重氮试剂，终止重氮反应，故利用叠氮钠作为防腐剂的质控血清可能引起反应不完全，影响呈色。

4. 本法测定血清总胆红素，在 10～37℃条件下不受温度变化影响。

5. 血清总胆红素参考范围：3.4～17.1μmol/L；血清结合胆红素参考范围：0～3.4μmol/L。

（五）试剂与器材

1. 碱性酒石酸钠溶液　称取 NaOH 37.5g，酒石酸钠 160g，置于烧杯中，加蒸馏水溶解后，定容至 500mL，置于塑料瓶中，室温保存。

2. 咖啡因-苯甲酸钠-乙酸钠溶液　称取无水乙酸钠 28g，苯甲酸钠 28g，二乙胺四乙酸二钠（EDTA · 2Na）0.5g，置于烧杯中，加入约 200mL 蒸馏水溶解；再加入咖啡因 18.8g，室温搅拌使其溶解，转移至容量瓶中，定容至 500mL，用滤纸过滤，避光室温保存。

3. 亚硝酸钠溶液（5g/L）　称取亚硝酸钠 5g，用蒸馏水溶解后定容至 1000mL，避光，4℃保存。

4. 对氨基苯磺酸溶液（5g/L）　称取对氨基苯磺酸 5g，用 200mL 蒸馏水溶解后，加入浓盐酸 15mL，混匀后，加水定容至 1000mL，避光，4℃保存。

5. 重氮试剂　使用前，将 5g/L 亚硝酸钠溶液 0.5mL 和 5g/L 对氨基苯磺酸溶液 20mL 混合，备用。

6. 叠氮钠溶液（5g/L）　称取叠氮钠 5g，用蒸馏水溶解后定容至 1000mL。

7. 171μmol/L 胆红素标准液（200mg/L）

（1）稀释用血清：收集无脂浊、无黄疸、无溶血的新血清，用滤菌器过滤，取过滤后的血清 1mL，加入 0.15mmol/L NaCl 溶液 25mL，混合均匀。在波长 414nm 处，用 0.15mmol/L NaCl 溶液调零，对上述溶液进行比色，吸光度值应小于 0.1；同样的方法在 460nm 波长处比色，吸光度值应小于 0.04。

（2）称取胆红素 10mg，加入 1mL 二甲基亚砜溶解，搅拌至混悬，加入 0.1mol/L 的 Na_2CO_3 溶液 1mL，使胆红素完全溶解，转移至容量瓶中，以稀释用血清洗涤数次，洗涤液并入容量瓶，缓慢加入 0.1mol/L 盐酸 2mL，边加边摇，避免产生气泡，最后以稀释用血清定容至 100mL，避光，4℃保存，3 天内有效。

8. 器材 试管、移液器、可见光分光光度计、恒温水浴锅、分析天平、烧杯。

（六）示范操作

分光光度计的使用。

（七）临床意义

1. 患者发生肝细胞性、溶血性及阻塞性黄疸时可引起血清胆红素升高。
2. 有助于鉴别新生儿溶血症和判断疾病的严重程度。
3. 机体有再生障碍性贫血及多种继发性贫血，血清总胆红素减少。

（八）设计型实验

请设计一个有别于改良 J-G 法的实验方案测定总胆红素和结合胆红素含量。

【课堂作业】

记录实验结果，书写实验报告。

【复习思考题】

1. 稀释用血清配制时，为什么需要选择无脂浊、无黄疸、无溶血的血清呢？
2. 若某患者血清总胆红素为 42μmol/L，结合胆红素为 25μmol/L，请推断：该患者可能的病理类型（肝细胞性/梗阻性/溶血性黄疸），并解释该结果中结合胆红素升高的生化基础。

【参考文献】

路丽芳, 崔虎啸, 王坤铎, 等, 2025. 胆红素、血氨在肝硬化合并肝性脑病预后预测中的应用. 华夏医学, 38(1): 113-118.
李胜学, 赵琴玲, 严明, 等, 2012. 重氮法与钒酸盐氧化法测定新生儿血清胆红素的比较分析 . 中国医学创新, 9(30): 80-81.
叶章发, 张超, 桂远望, 2014. 改良 J-G 法检测新生儿溶血病患者血清胆红素的问题探讨. 中国实用医药, 9(30): 92-93.

第三篇　分子生物学实验

实验一　动物组织细胞基因组 DNA 提取与鉴定

【学习目的要求】

1. 掌握 DNA 提取方法的基本原理。
2. 熟悉血液/细胞/组织基因组 DNA 的提取方法。
3. 掌握 DNA 琼脂糖凝胶电泳的基本操作。

【实验教学内容】

一、全血 DNA 的提取（STMT 法）

（一）实验原理

真核生物基因组 DNA 与蛋白质结合，以染色体的形式存在于细胞核内。DNA 提取一方面需要将 DNA 与蛋白质、脂类、糖类等分离，另一方面还要保证 DNA 链的完整性。因此，真核生物基因组 DNA 提取主要涉及细胞膜破碎、细胞核裂解蛋白变性解离、DNA 纯化去除蛋白质等杂质、DNA 沉淀四个过程。

以不完全溶血剂 STMT 处理血液样品，导致红细胞膜及白细胞膜破裂，再通过高速离心收集白细胞的细胞核。用 0.9% NaCl 溶液洗涤细胞核后，将沉淀悬浮在蛋白酶 K 的反应缓冲液（NE 溶液）内，加入 SDS 使核膜破裂，用蛋白酶 K 使核蛋白降解成小片段并从核酸上解离下来。

经苯酚、苯酚/氯仿、氯仿/异戊醇抽提去除蛋白质，无水乙醇沉淀 DNA。最后用 70% 乙醇溶液洗涤核酸沉淀后干燥，溶解于 Tris-EDTA（TE）溶液中即得到高分子量 DNA。

（二）实验操作

1. 取 0.3mL 以 EDTA-2Na 溶液（pH 8.0）抗凝（全血∶0.5% EDTA-2Na = 5∶1，*V*/*V*）的全血，置于 1.5mL 离心管中。

2. 加入 1.0mL STMT，充分混匀使其溶血，12 000r/min 离心 1～2min，弃上清液。

3. 沉淀部分加 1mL 0.9% NaCl 溶液洗涤一次，以去除胞核外的可溶性杂质，离心（同上），弃上清液。如仍有红细胞未溶血，重复步骤 2。

4. 沉淀部分加 470μL NE 溶液并将沉淀充分吹散。

5. 加 30μL10% SDS 溶液，迅速混匀；再加 50μL 蛋白酶 K 溶液。轻轻混匀后置 56℃水浴 30min。

6. 加入 500μL 饱和酚，颠倒混匀 1min，12 000r/min 离心 1min，小心吸转上层水相至另一 1.5mL 离心管内。

7. 加入 500μL 苯酚/氯仿/异戊醇，同上法抽提一次，离心后小心吸转上层水相至另一 1.5mL 离心管内。

8. 加入 500μL 氯仿/异戊醇再次抽提，同上离心，吸取上层水相至另一 1.5mL 离心管内。

9. 加入 50μL 3.0mmol/L 乙酸钠溶液（pH 5.2），混匀。

10. 加入 1.0mL 无水乙醇，充分混匀。

11. 12 000r/min 离心 5min，弃上清液，得到 DNA 沉淀。

12. DNA 沉淀再用 70% 乙醇溶液洗一次，12 000r/min 离心 1min，倒去乙醇，将离心管倒置在滤纸上，倒尽残余的乙醇，干燥 2min。

13. 加入 50μL 的 TE 溶液溶解 DNA 沉淀，–20℃保存备用。

（三）注意事项

1. 血液样品可用肝素或柠檬酸葡萄糖（ACD）溶液（100mL ACD 溶液含 0.48g 柠檬酸、1.32g 柠檬酸钠、1.47g 葡萄糖）（血：ACD=6：1，*V*/*V*）抗凝，但有文献报道肝素能抑制 *Taq* 酶和某些限制性内切酶的活性。

2. 蛋白酶用前应充分吹散沉淀，以确保 SDS 对细胞核膜的裂解及蛋白酶与从细胞核内释放出的核蛋白体的充分接触。

3. 苯酚溶液具有强腐蚀性，应戴手套以免烧伤皮肤，同时防止操作者手上的核酸酶或细菌污染 DNA 样品。此时，DNA 以大分子游离态存在于溶液内，操作中应格外小心，以免机械剪切对核酸分子的完整性产生大的影响。变性后的蛋白质沉淀在两相的液面之间，吸转上清液时应避免吸入蛋白质沉淀。

（四）试剂与器材

1. 0.5% EDTA-2Na 溶液　准确称取 EDTA-2Na 0.5g 加双蒸水溶解，定容至 100mL。

2. 0.9% NaCl 溶液　准确称取 NaCl 0.9g 加双蒸水溶解，定容至 100mL。

3. STMT　8% 蔗糖、10mmol/L Tris-HCl（pH 8.0）、5.0mmol/L $MgCl_2$、1% TrionX-100。

4. 10% SDS 溶液　准确称取 SDS 10.0g 加双蒸水溶解，定容至 100mL。

5. 蛋白酶 K 溶液 20mg/mL　按购买说明配制。

6. NE 溶液　50mmol/L NaCl 溶液、25mmol/L EDTA-2Na 溶液（pH 8. 0）。

7. 苯酚　取一定体积的重蒸酚加入 1.0mg/mL 8-羟喹啉，再加等体积的 1mol/L Tris-HCl 溶液（pH 8.0），立即加盖，激烈振荡后静置分层，弃上层液相。再用 0.1mol/L Tris-HCl（pH 8.0）萃取 2 次，使苯酚 pH 在 7.6～7.8，储存于 4℃，–20℃可长期保存。用时需水饱和。

8. 饱和酚　取酚加热溶解，按酚：缓冲液 =6：4 的比例将热酚加入缓冲液（0.1mol/L Tris-HCl，pH 9.5；0.2% 巯基乙醇）充分混合，分层后上层水相 pH 应在 7.8 以上，否则应更换缓冲液。

9. 苯酚/氯仿/异戊醇　苯酚：氯仿：异戊醇（*V*/*V*/*V*）=25：24：1。

10. 氯仿/异戊醇　氯仿：异戊醇（*V*/*V*）=24：1。

11. TE 溶液　1mol/L Tris-HCl 溶液（pH 8.0）1mL，0.5mol/L EDTA 溶液（pH 8.0）0.2mL，双蒸水定容至 100mL。

12. 70% 乙醇溶液　量取乙醇 70mL 加双蒸水定容至 100mL，放置于 –20℃保存。

13. 3.0mmol/L 乙酸钠溶液（pH 5.2）　准确称取 40.8g NaAc · $3H_2O$（或 24.6g 无水 NaAc）加双蒸水溶解，用冰醋酸调节 pH 至 5.2，定容至 100mL。

14. 器材　冷冻高速离心机、恒温水浴锅、pH 计、磁力搅拌器、真空泵、硅化玻璃滴管及试管、塑料离心管、不同量程移液器及其吸嘴等。

二、血液/细胞/组织基因组 DNA 的提取（离心柱法）

（一）实验原理

基因组 DNA 的提取过程中，可通过裂解法释放出 DNA，再以螯合树脂、特异性 DNA 吸附膜及磁珠或玻璃粉吸附等方法对 DNA 进行纯化，其中以特异性 DNA 吸附膜作为亲和材料的离心柱法较为常见。离心柱法是利用硅胶或玻璃纤维制成 DNA 吸附膜，在高盐低 pH 条件下，DNA 吸附于膜上，通过一系列的漂洗离心后，去除细胞代谢物和蛋白质等杂质，最后在低盐高 pH 的条件下洗脱并释放出 DNA。

（二）实验操作

以商业公司购买的血液/细胞/组织基因组 DNA 提取试剂盒为例。

使用前请按说明先在缓冲液 GD 和漂洗液 PW 中加入适量无水乙醇。

1. 处理材料

（1）如提取材料为血液，可直接使用 200μL 新鲜、冷冻或加入各种抗凝剂的血液，不足 200μL 可加缓冲液 GA 补足。

（2）如果处理血样为禽类、鸟类、两栖类或更低级生物的抗凝血液，其红细胞为有核细胞，因此处理量为 5～20μL，可加缓冲液 GA 补足 200μL 后进行下面的裂解步骤。

（3）贴壁培养的细胞应先处理为细胞悬液，然后 10 000r/min 离心 1min，弃上清液，加 200μL 缓冲液 GA，振荡至彻底悬浮。

（4）动物组织（脾组织用量应少于 10mg）应先打碎处理为细胞悬液，然后 10 000r/min 离心 1min，弃上清液，加 200μL 缓冲液 GA，振荡至彻底悬浮。

注意：如果需要去除 RNA，可加入 4μL RNase A（100mg/mL）溶液，振荡 15s，室温放置 5min。

2. 加入 20μL 蛋白酶 K 溶液，混匀。

（1）提取血液或细胞基因组时，只需加入蛋白酶 K 溶液混匀，即可继续进行下一步骤。

（2）提取组织基因组时，加入蛋白酶 K 溶液混匀后，在 56℃下放置，直至组织溶解，瞬时离心以去除管盖内壁的水珠，再进行下一步骤。

3. 加入 200μL 缓冲液 GB，充分颠倒混匀，70℃放置 10min，溶液应变清亮，瞬时离心以去除管盖内壁的水珠。

注意：加入缓冲液 GB 时可能会产生白色沉淀，一般 70℃放置时会消失，不会影响后续实验。

4. 加入 200μL 无水乙醇，充分振荡混匀 15s，此时可能会出现絮状沉淀，瞬时离心以去除管盖内壁的水珠。

5. 将上一步所得溶液和絮状沉淀都加入一个吸附柱 CB3 中（吸附柱放入收集管中），12 000r/min 离心 30s，倒掉废液，将吸附柱 CB3 放回收集管中。

6. 向吸附柱 CB3 中加入 500μL 缓冲液 GD（使用前请先检查是否已加入无水乙醇），12 000r/min 离心 30s，弃废液，将吸附柱 CB3 放入收集管中。

7. 向吸附柱 CB3 中加入 600μL 漂洗液 PW（使用前请先检查是否已加入无水乙醇），12 000r/min 离心 30s，弃废液，将吸附柱 CB3 放入收集管中。

8. 重复操作步骤 7。

9. 将吸附柱 CB3 放回收集管中，12 000r/min 离心 2min，弃废液。将吸附柱 CB3 置于室温放置数分钟，以彻底晾干吸附材料中残余的漂洗液。

注意：这一步的目的是将吸附柱中残余的漂洗液去除，漂洗液中乙醇的残留会影响后续的酶反应（酶切、PCR 等）实验。

10. 将吸附柱 CB3 转入一个干净的离心管中，向吸附膜的中间部位悬空滴加 50～200μL 洗脱缓冲液 TE，室温放置 2～5min，12 000r/min 离心 2min，将溶液收集到离心管中。

注意：洗脱缓冲液体积不应少于 50μL，体积过小影响回收效率。洗脱液的 pH 对于洗脱效率有很大影响。若用双蒸水作洗脱液应保证其 pH 为 7.0～8.5，pH＜7.0 会降低洗脱效率；且 DNA 产物应保存在 –20℃条件下，以防 DNA 降解。为增加基因组 DNA 的得率，可将离心得到的溶液再加入吸附柱 CB3 中，室温放置 2min，12 000r/min 离心 2min。

（三）注意事项

1. 第一次使用前应按照试剂瓶标签的说明先在缓冲液 GD 和漂洗液 PW 中加入无水乙醇。

2. 样品应避免反复冻融，否则会导致提取的 DNA 片段较小且提取量也下降。

3. 若缓冲液 GA 或 GB 中有沉淀，可在 37℃水浴中重新溶解，摇匀后使用。所有离心步骤均使用台式离心机，在室温下离心。

（四）试剂与器材

1. 血液/细胞/组织基因组 DNA 提取试剂盒 购自商业公司。

2. 器材 高速离心机、恒温水浴锅、涡旋振荡器、微量移液器及其吸头等。

三、DNA 琼脂糖凝胶电泳

（一）实验原理

琼脂糖凝胶电泳是分子生物学研究中最常用的技术之一。它可用来检验 DNA、RNA 分子的大小及质量，在基因工程中用于分离、鉴定和纯化 DNA 片段及鉴定重组子，如与 DNA 印迹转移技术相结合。此外，其在研究真核细胞基因酶谱中也得到更广泛的应用。

DNA 分子在琼脂糖凝胶电泳时，有电荷效应和分子筛效应。前者由分子所带的净电荷量多少而定，这与电泳时电流强度、电泳缓冲液的 pH 和离子强度有关；而后者主要与 DNA 分子大小、构型以及琼脂糖凝胶的浓度有关。DNA 分子在 pH 高于其等电点的溶液中带负电荷，在电场中向正极移动。用电泳法测定 DNA 分子大小，应尽量减少电荷效应。增加凝胶的浓度在一定程度上可以降低电荷效应，使分子的迁移速度主要由凝胶阻滞程度的差异所决定，提高分辨率；适当降低电泳时电压，也可使分子筛效应相对增强而提高分辨率。

溴化乙锭（ethidium bromide，EB）染色原理及其灵敏度：溴化乙锭可插入 DNA 双螺旋结构的两个碱基之间，它和核酸形成一种荧光络合物，在波长 254nm 紫外光照射下，呈现橘红色的荧光。用溴化乙锭检验 DNA 灵敏度很高，在琼脂糖凝胶电泳时可检出 1.0ng 或更少含量的 DNA。由于 EB 具有高度致癌性和致突变能力，长期使用对实验操作人员和环境有害，目前常选用其他相对较环保高效的新型核酸染料（如 Gel Red 等）替代。

（二）实验操作

1. 选择合适的水平电泳槽，调节电泳槽平面至水平，检查稳压电源与正负极的线路。

2. 将制胶架放在水平工作台上，安装制胶底板，选择孔径大小适宜的梳板。

3. 制备 1% 琼脂糖凝胶：称取琼脂糖 1.0g，溶解在电泳缓冲液 1×TBE 100mL 中，置微波炉或水浴锅中加热至琼脂糖溶化均匀。待凝胶溶液冷却至 60℃左右时在凝胶中加入 EB/Gel Red（终浓度为 0.5μg/mL），摇匀，缓缓倒于装配好的制胶板中，除去气泡。

4. 待凝胶冷却凝固后，取出梳板，保持点样孔的完好，取出制胶底板把凝胶放入电泳槽内，点样孔靠近负极，加入足量 1×TBE 电泳缓冲液（没过点样孔）。

5. 待测的 DNA 样品中加入 1/6 体积的上样缓冲液混匀后上样，样品孔上样量 10～20μL。标准孔取 DNA Marker（又称 DNA Ladder）5μL 上样。记录样品次序及点样量。

6. 开启电源，选择适当的电压进行电泳，一般用恒压，最高电压不高于 5V/cm，当琼脂糖凝胶浓度低于 0.5%，电泳时温度不能太高。

7. 电泳时间为 30～40min，停止电泳。

8. 把凝胶放在紫外检测仪或紫外分析仪上观察并绘图记录或照相，结合 DNA Marker 分析结果。

（三）试剂与器材

1. 电泳缓冲液

（1）5×TBE 储存液：准确称取 Tris 54g，硼酸 27.5g，加入 500mL 蒸馏水溶解后，加 0.5mol/L EDTA 20mL（pH 8.0），用蒸馏水定容至 1000mL。临用前用蒸馏水稀释成 1×TBE 使用。

（2）1×TBE 应用液：将 5×TBE 用蒸馏水稀释 5 倍使用，如取 100mL 储存液加 400mL 蒸馏水定容到 500mL，充分混匀，即为应用液。

2. 6× 上样缓冲液　含有 0.25% 溴酚蓝、0.25% 二甲苯青、30% 甘油或蔗糖水溶液，4℃保存。

3. DNA Marker　购自商业公司。

4. 器材　微波炉、稳压电泳仪、水平式电泳槽、紫外检测仪或紫外分析仪、移液器（1mL、200μL、10μL）及其吸头（1mL、200μL、20μL）、玻璃烧杯等。

（四）示范操作

冷冻高速离心机的使用；移液器的使用；苯酚抽提时上层水相的转移；琼脂糖凝胶点样。

（五）设计型实验

设计一种真核材料（如植物叶子）的 DNA 提取与鉴定方法。

【课堂作业】

观察实验现象，书写实验报告。

【复习思考题】

1. DNA 提取过程中乙酸钠和无水乙醇的作用是什么？
2. 在离心柱法 DNA 提取实验方法中 RNA 是否能被去除？

【参考文献】

燕妮, 杨莉, 彭兰兰, 等, 2023. 不同类型 DNA 提取试剂盒提取牦牛乳粉 DNA 效果的比较. 甘肃科技纵横（工业科技）, 52(11): 30-33.

杨萍, 陆嘉伟, 李翠环, 2022. 高效安全的核酸染料在琼脂糖凝胶电泳中的应用. 实验室研究与探索, 41(7): 60-64.

实验二　*β-actin* 基因 PCR 扩增与产物鉴定

【学习目的要求】

1. 掌握 PCR 技术的基本原理。
2. 熟悉 PCR 技术的基本操作。

【实验教学内容】

（一）实验原理

PCR 技术是一种基于 DNA 复制原理在体外进行的特异性 DNA 序列扩增的技术，又称无细胞分子克隆技术。主要由高温变性、低温退火和适温延伸 3 个步骤反复的热循环构成：即在高温（90～95℃）下，待扩增的靶 DNA 双链受热变性成为两条单链 DNA 模板；而后在低温（40～60℃）情况下，两条人工合成的寡核苷酸引物与互补的单链 DNA 模板结合，形成部分双链；在 *Taq* DNA 聚合酶的最适温度（72℃）下，以引物 3′ 端为合成的起点，以单核苷酸为原料，沿模板以 5′→3′ 方向延伸，合成 DNA 新链。这样，每一双链的 DNA 模板，经过一次变性、退火、延伸 3 个步骤的热循环后就成了两条双链 DNA 分子。如此反复进行，每一次循环所产生的 DNA 均能成为下一次循环的模板，每一次循环都使两条人工合成的引物间的 DNA 特异区段拷贝数扩增一倍，PCR 产物以 2^n 的指数形式迅速扩增，经过 25～30 个循环后，理论上可使该基因的特异区段扩增 10^9 倍以上。

β-actin 基因编码肌动蛋白，在真核细胞内广泛存在，是细胞骨架和肌小节的主要组成成分，几乎参与了细胞所有的生命活动，常作为相对定量分析的内参基因。本实验中，将利用小鼠组织细胞来源的 DNA 作为模板，对小鼠 *β-actin* 基因进行扩增。

（二）实验操作

1. 小鼠 *β-actin* 基因的 PCR 扩增

（1）分别取两个 0.2mL PCR 管，编号后（1 为实验组，2 为阴性对照组）依次加入下列试剂（表 3-1）（注：小鼠组织细胞 DNA 的提取方法参见第三篇-实验一：动物组织细胞基因组 DNA 提取与鉴定）。

表 3-1　小鼠 *β-actin* 基因的 PCR 扩增反应体系表

试剂	1（μL）	2（μL）
小鼠组织细胞提取的 DNA	1	—
β-actin 上游引物（10μmol/L）	0.4	0.4
β-actin 下游引物（10μmol/L）	0.4	0.4
去离子水	8.2	9.2
2×*Taq* MasterMix	10	10

20μL 总反应体系混匀后，瞬时离心。

（2）PCR 反应程序：将反应体系放入 PCR 仪中，PCR 反应循环参数：95℃预变性 5min；95℃变性 30s，58℃退火 30s，72℃延伸 20s，30 个循环；72℃延伸 5min，4℃保存。

2. 琼脂糖凝胶电泳　制备 2% 琼脂糖凝胶（具体操作参照第三篇-实验一中“三、DNA 琼脂糖凝胶电泳”）。样品孔取 PCR 产物 10μL 上样；标准孔取 100bp DNA Marker 5μL 上样。100～

120V 电泳 30min，紫外分析仪下观察 PCR 条带。结合 DNA Marker 分析结果。

（三）结果判断

PCR 产物电泳条带与 DNA Marker 比较，小鼠组织细胞 *β-actin* 基因扩增产物的长度为 652bp。

（四）注意事项

1. 为了防止非特异性扩增，必须设阴性对照。
2. 操作人员戴一次性口罩、帽子、手套以防止 PCR 污染。

（五）试剂与器材

1. 2×*Taq* MasterMix（商业公司购买）：含 *Taq* DNA 聚合酶，dNTP，$MgCl_2$，PCR buffer 等。
2. 小鼠 *β-actin* 基因引物，扩增产物的长度为 652bp，序列如下：
上游：5′-GGGTCACCCACACTGTGCCCATCTA-3′
下游：5′-GCATTTGCGGTGGACGATGGAGG-3′
3. 100bp DNA Marker　购自商业公司。
4. 器材　PCR 扩增仪、常温高速离心机、微量移液器等。

（六）示范操作

PCR 扩增仪的使用；微量移液器的使用；琼脂糖凝胶的制备；电泳样品点样。

（七）设计型实验

请设计一实验方案分离纯化 PCR 反应产物中分子量大小不同的 DNA。

【课 堂 作 业】

观察实验现象，书写实验报告。

【复习思考题】

1. PCR 技术与体内 DNA 复制有什么相同和不同点？
2. PCR 过程中的引物选择有何要求？能否利用小鼠组织细胞提取的 DNA 进行人目的基因的扩增？为什么？
3. 如果要进行克隆表达，是否可以选择基因组 DNA 分子作为模板进行扩增？
4. 以 cDNA 为模板设计的 *β-actin* 基因引物是否可用于 DNA 为模板的 *β-actin* 基因扩增？为什么？

【参 考 文 献】

陈蕾, 陈淑颐, 周刚, 等, 2020. 赤眼鳟 *β*-肌动蛋白基因克隆、组织表达与稳定性分析. 湖南文理学院学报 (自然科学版) , 32(3): 37-41, 58.

实验三　动物组织细胞总 RNA 的提取和鉴定

【学习目的要求】

1. 掌握 TRIzol 法提取组织总 RNA 的基本原理和过程。
2. 熟悉总 RNA 的构成和电泳形态。
3. 熟悉总 RNA 琼脂糖凝胶甲醛变性电泳的检测方法。

【实验教学内容】

（一）实验原理

RNA 是 DNA 的转录产物，参与遗传信息的复制和表达，体内大部分 RNA 以核蛋白复合体形式存在于细胞内。TRIzol 试剂主要含异硫氰酸胍和苯酚，其中异硫氰酸胍可裂解细胞，促使核蛋白体的解离，使 RNA 与蛋白质分离，并释放 RNA 到溶液中。再以氯仿抽提酸性的苯酚，进而促使 RNA 进入水相，通过离心使上层水相中 RNA 与有机相中的蛋白质和 DNA 分离。异丙醇可沉淀水相中的 RNA，再使用乙醇洗涤沉淀中残留的有机溶剂，最后干燥获得纯化的总 RNA。高纯度和完整的 RNA 为后续的分子生物学实验（如 RNA 印迹法、cDNA 合成及体外翻译等）提供保障。因此 RNA 提取必须在无 RNase 的环境中进行，保护 RNA 分子不被降解。焦炭酸二乙酯（diethyl pyrocarbonate，DEPC）是 RNase 的强抑制剂，常用来抑制外源 RNase 活性。提取缓冲液中一般含 SDS、酚、氯仿、胍盐等蛋白质变性剂，也能抑制 RNase 活性，并有助于去除非核酸成分。

本实验介绍 TRIzol 法提取动物组织总 RNA，并通过琼脂糖凝胶甲醛变性电泳进行鉴定。

（二）实验操作

1. 总 RNA 的提取

（1）取 50～100mg 新鲜动物组织，剪碎后置于玻璃匀浆器中，加入 1mL 预冷 TRIzol 试剂，迅速匀浆至组织充分研碎。将 0.5mL 匀浆液转移至一 1.5mL 离心管中，于室温下静置 5min。

（2）加入 100μL 氯仿，振摇 15s 充分混匀后，室温静置 3min 分层。

（3）4℃下 12 000r/min 离心 15min。

（4）转移上层无色水相至另一 1.5mL 离心管中，加入等体积异丙醇（预冷），室温静置 10min。

（5）4℃下 12 000r/min 离心 10min 得 RNA 沉淀。

（6）弃上清，加入 75% 乙醇 1mL 洗涤 RNA 沉淀，4℃下 12 000r/min 离心 5min。

（7）弃上清，室温干燥 5min。

（8）加入 50～100μL 无核酶水溶解沉淀物，–20℃保存备用。

2. RNA 鉴定

（1）在紫外分光光度计上检测 RNA 浓度及纯度。也可利用核酸蛋白定量仪（如 Nanodrop）测定 RNA 浓度及纯度（OD_{260}/OD_{280}）。

取 RNA 样品 5μL，用无核酶水稀释至 1mL 加入比色杯；以无核酶水校正调零后；紫外分光光度计上读取 OD_{260} 值及 OD_{260}/OD_{280} 值、OD_{260}/OD_{230} 值。RNA 浓度通常计算为 1OD=40μg/mL，根据稀释倍数计算 RNA 浓度，并根据 OD_{260}/OD_{280}、OD_{260}/OD_{230} 的比值判断 RNA 纯度。

$$\text{RNA 样品浓度（μg/mL）} = OD_{260} \times \text{核酸稀释倍数} \times 40$$

（2）琼脂糖凝胶甲醛变性电泳检测

a. 制备凝胶（1.2%）：准确量取 1.2g 琼脂糖粉，加 72mL 无核酶水，加热溶化。冷却至 60℃，在通风橱内，加入 10× 凝胶缓冲液 10mL，甲醛（37%）18mL，EB（终浓度 0.5μg/mL）混匀后，倒胶。

b. 制备样品：取 RNA 样品 4μL 和 5× 变性上样缓冲液 1μL 混匀。65℃加热 5～10min，立即冰上冷却 5min，瞬时离心。

c. 凝胶预电泳 5min 平衡后，取 5μL 样品点入上样孔，以 5V/cm 的电压电泳 30min。

d. 在凝胶成像系统观察并分析结果。

（三）结果判断

TRIzol 法提取到的 RNA 为真核细胞中总 RNA，其中核糖体 RNA（rRNA）在总 RNA 中丰度最高，故 RNA 电泳主要检测 rRNA。真核生物 rRNA 主要有 4 种类型，分别为 28S rRNA（约 4700nt）、18S rRNA（约 1900nt）、5S rRNA（约 120nt）和 5.8S rRNA（约 160nt）。琼脂糖电泳结果显示主要有明亮、清晰、无拖尾的 3 条条带（5S rRNA 和 5.8S rRNA 显示为一条带），且 28S rRNA 条带亮度是 18S rRNA 条带的 2 倍。

（四）注意事项

1. RNA 不稳定，很容易被 RNase 降解。因此总 RNA 提取须在无 RNase 环境中，戴口罩、手套、使用无 RNase 污染的试剂、材料和容器。

2. 玻璃器皿洗净后置 180℃烘烤 8h；不耐高温的器皿（如塑料制品）应用 0.1% DEPC 浸泡 2h，70～80℃烘烤干燥，120℃高压 20min，再 70～80℃烘烤干燥方可使用。

3. 所有溶液应用 0.1% DEPC 配制，高压处理或加热至 70℃ 1h 或 60℃过夜，以去除残存的 DEPC。

4. 冰浴上操作，低温环境可尽量避免 RNA 被降解。

（五）试剂与器材

1. 10× 凝胶缓冲液 200mmol/L 吗啉代丙磺酸（MOPS）(pH 7.0)、100mmol/L 乙酸钠、10mmol/L EDTA（pH 8.0），避光保存。

2. 5× 变性上样缓冲液 水饱和的溴酚蓝 16μL、500mmol/L EDTA（pH 8.0）80μL、甲醛（37%）720μL、甘油 2mL、甲酰胺 3084μL、10× 凝胶缓冲液 4mL 加无核酶水至 10mL，4℃可保存 3 个月。

3. 无核酶水 购自商业公司。

4. TRIzol 试剂 购自商业公司。

5. 氯仿。

6. 异丙醇。

7. 75% 乙醇 用无水乙醇 75mL，加入无核酶水 30mL，混匀后 –20℃保存。

8. 37% 甲醛溶液。

9. 0.1% DEPC 取 1ml DEPC 加入到 1000mL 双蒸水中，充分混匀，静置 4h 以上完全溶解后 4℃保存。

10. 器材 超净工作台、高速冷冻离心机、电泳仪、紫外分光光度计、凝胶成像系统、振荡器、微量移液器及配套吸头、1.5mL 离心管、玻璃匀浆器、试管等。

（六）示范操作

玻璃匀浆器使用；上层水相转移；紫外分光光度计使用；RNA 电泳上样。

（七）设计型实验

小明分别提取了某样品的 RNA 和 DNA，但离心管上没写标签，请你设计实验进行区分。

【课堂作业】

观察实验现象，书写实验报告。

【复习思考题】

1. RNA 提取时是否样本量越多越好？
2. RNA 纯度鉴定中测 OD_{260}/OD_{230} 值有什么意义？
3. 如何判断提取到的总 RNA 中有 gDNA（genome DNA）和蛋白质的污染？

【参考文献】

李照熙, 杨瑞, 靳树胜, 等, 2016. 影响 TRIzol 提取 RNA 质量的因素分析. 新乡医学院学报, 33(8): 653-656.
林震嘉, 张辉, 揭英桃, 等, 2020. 改良的 Trizol 法提取小鼠皮肤 RNA 技术. 中山大学学报 (医学科学版), 41(2): 224-232.

实验四　小鼠 *β-actin* 基因 mRNA 水平检测

【学习目的要求】

1. 掌握管家基因概念及其在不同脏器中表达情况。
2. 掌握组织 RNA 提取的原理与方法。
3. 掌握 RT-PCR 的原理与方法。

【实验教学内容】

（一）实验原理

1. 管家基因 *actin*　编码肌动蛋白是细胞的一种重要骨架蛋白，在细胞分泌、吞噬、移动、细胞质流动和细胞质分离等过程中起重要作用。*actin* 在不同物种之间高度保守。*β-actin* 是 *actin* 的一种，编码横纹肌肌纤维中的一种主要蛋白质成分，也是肌肉细丝及细胞骨架微丝的主要成分，广泛分布于各种组织中，且表达相对恒定。作为管家基因，*β-actin* 表达产物常被用于 RNA 与蛋白质定量检测的内参。

2. RNA 提取和鉴定　可以选择细胞、组织及血液等进行 RNA 提取。提取过程包括细胞裂解与 RNA 纯化（见第三篇-实验三）。

逆转录-聚合酶链式反应（RT-PCR）常用于对特异基因的 mRNA 表达产物进行定性与定量分析。该方法分为 3 个步骤：首先是 RNA 的提取；其次通过特异引物，如 Oligo(dT) 逆转录 mRNA 成 cDNA；最后以 cDNA 为模板，PCR 扩增特异性目的基因，以定性与定量分析目的基因特异 mRNA 的表达情况。

（二）实验操作

1. 引物设计　检索 Genbank 中小鼠的 *β-actin* 基因 mRNA 序列，利用 NCBI Primer Blast 软件设计 *β-actin* 引物（表 3-2）。引物交由生物公司合成。

表 3-2　小鼠 *β-actin* 基因引物

引物名称	引物序列（5′-3′）	产物大小（bp）	退火温度（℃）
上游	GGGTCACCCACACTGTGCCCATCTA	652	56
下游	GCATTTGCGGTGGACGATGGAGG		

2. RNA 提取、定量与 cDNA 的合成　按照第三篇-实验三进行 RNA 提取和定量，根据定量结果将不同组 RNA 稀释成相同浓度（500～1000ng/μL）。RNA 逆转录合成 cDNA 单链（依据试剂盒）。在一个洁净的 0.2mL 离心管放入 cDNA 合成体系，总体积 10μL（表 3-3），42℃孵育 30min 后，85℃孵育 20s 终止反应。

表 3-3　cDNA 合成体系

试剂	体积（μL）
RNA	1.5
2×ES Mix	5
Oligo(dT)	0.5
E-Mix	0.5

续表

试剂	体积（μL）
gDNA Remover	0.5
无核酶水	2

3. *β-actin* 基因的 PCR

（1）在 2 个洁净的 0.2mL 离心管中混匀下列反应物（表 3-4）。

表 3-4　PCR 体系

试剂	体积（μL）
2×PCR Master Mix	10
cDNA	1
上游引物	0.4
下游引物	0.4
去离子水	8.2

（2）PCR 反应程序：将反应体系放入 PCR 仪中，PCR 反应循环参数为 95℃预变性 5min；95℃变性 30s，56℃退火 30s，72℃延伸 20s，28 个循环；72℃延伸 5min，4℃保存。

4. 琼脂糖凝胶电泳　制备 1% 琼脂糖凝胶，样品孔取 PCR 产物 10μL 上样；标准孔取 100bp DNA Marker 5μL 上样。100～120V 电泳 30min，紫外分析仪下观察 PCR 条带。

（三）结果判断

绘图或照相，结合 DNA Marker 分析结果。PCR 产物电泳条带与 DNA Marker 比较，小鼠 *β-actin* 基因的 PCR 扩增产物为 652bp。

（四）试剂与器材

1. RNA 提取试剂　购自商业公司。

2. RNA 逆转录试剂盒　购自商业公司。

3. 2×PCR Master Mix　购自商业公司。

4. 1% 琼脂糖凝胶　参照第三篇-实验一中“三、DNA 琼脂糖凝胶电泳”。

5. 电泳缓冲液　参照第三篇-实验一中“三、DNA 琼脂糖凝胶电泳”。

6. 100bp DNA Marker　购自商业公司。

7. 器材　烘箱、匀浆器、离心机、恒温水浴锅、PCR 扩增仪、微量移液器及配套吸头、电泳仪、电泳槽、紫外分析仪。

（五）示范操作

处死小鼠；PCR 仪的使用；电泳仪的使用；紫外分析仪的使用。

（六）设计型实验

请查找一个自己感兴趣的基因，设计 RT-PCR 引物。

【课 堂 作 业】

对比不同组织条带亮度，完成实验报告。

【复习思考题】

1. rRNA 的逆转录不能使用 Oligo(dT) 作为引物，为什么？如何对 rRNA 进行逆转录呢？
2. 本次实验获得的逆转录产物是否可以作为模板，用于其他基因表达产物的检测？
3. 逆转录操作中为何要设置 42℃和 85℃温育两步？
4. 本次实验能否准确横向比较不同器官 *β-actin* 基因的表达量？为什么？
5. 能否提供一些在不同器官表达性质不同的基因？

【参考文献】

张志珍, 刘勇军, 2010. 生物化学与分子生物学实验指导. 北京：科学出版社

Cavéh, Acquaviva C, Bièche I, et al. , 2003. RT-PCR in clinical diagnosis. Ann Biol Clin (Paris), 61(6): 635-644.

实验五　检测小鼠不同脏器鞘磷脂合酶 2 的 mRNA 表达水平及鞘磷脂合酶的活性

一、RT-qPCR 技术检测小鼠不同脏器 *SMS2* 基因的 mRNA 表达水平

【学习目的要求】

1. 掌握 RT-qPCR 的实验原理。
2. 掌握 RT-qPCR 实验结果的分析方法。

【实验教学内容】

（一）实验原理

鞘磷脂（sphingomyelin，SM）是磷脂的一种，鞘磷脂合酶（sphingomyelin synthase，SMS）是 SM 生物合成途径一系列酶中最后一步的关键酶。真核生物 SMS 有两种同工酶（SMS1 和 SMS2），SMS1 和 SMS2 分别定位于高尔基体膜和细胞质膜。SMS 具有重要的生理功能，参与了细胞质膜的构成及跨膜信号传递等，与多种疾病的发生密切相关，如炎症、动脉粥样硬化及肿瘤等。在本节实验中将利用 RT-qPCR 技术检测小鼠不同脏器 *SMS2* 基因的 mRNA 表达水平。

在 PCR 扩增反应过程中，加入仅能与双链 DNA 发生特异性结合的荧光化学物质 SYBR Green Ⅰ，在特殊波长光（497nm）的激发下 SYBR Green Ⅰ所呈现的荧光强度与 PCR 反应体系中双链 DNA 分子的数量呈特殊的递增关系。故利用实时荧光定量 PCR 仪可直接测定每次 PCR 循环后的总荧光量，即可反映总产物量（双链 DNA）。但如需定量分析，PCR 反应体系还需设置内参或者外参。

（二）实验操作

1. 小鼠组织总 RNA 的提取　取小鼠不同脏器，总 RNA 提取方法参照第三篇-实验三。

2. RNA 逆转录合成 cDNA 单链　操作方法参照第三篇-实验四。

3. 实时荧光定量 PCR 扩增，总体积 20μL。RT-qPCR 扩增体系见表 3-5。

表 3-5　RT-qPCR 扩增体系

试剂	体积（μL）
2×SYBR Green Ⅰ PCR mix	10
上游引物	1
下游引物	1
cDNA 模板	1
无核酶水	7

PCR 反应条件：95℃预变性 10min；扩增（95℃ 15s，60℃ 45s）×40 个循环。熔解曲线应用 real-time PCR 仪默认程序即可。

（三）结果分析

导出实验数据，利用每一器官样本 *SMS2* 基因的 Ct 值减去 *ACTB*（*β-actin*）的 Ct 值，得到的数值就是同一器官样本 *SMS2* 基因的Δ Ct 值，计算公式为：

$$\Delta Ct = Ct（目的基因）- Ct（内参基因）$$

随后，以肝脏为对照组，计算任一器官 *SMS2* 基因相对表达水平。方法为本组 *SMS2* 的 ΔCt 减去肝脏组的 ΔCt，同时对所获得结果取相反数（即加一个负号运算，因为表达水平越高，则所需的 Ct 值越小），即可获得 $-\Delta\Delta Ct$，计算公式为：

$$-\Delta\Delta Ct = -[\Delta Ct（其他任一器官）- \Delta Ct（肝脏）]$$

最后，对 $-\Delta\Delta Ct$ 进行 2 的幂运算（$2^{-\Delta\Delta Ct}$），即可计算出任一器官与肝脏相比 *SMS2* 基因的相对表达水平（大于 1 为 *SMS2* 表达水平比肝脏高，反之为低于肝脏）。

（四）主要试剂及器材

1. 总 RNA 提取试剂盒　购自商业公司。

2. 氯仿。

3. 无水乙醇。

4. 异丙醇。

5. 无核酶水　购自商业公司。

6. 反转录试剂　购自商业公司。

7. qPCR mix　购自商业公司。

8. 引物序列具体见表 3-6。

表 3-6　PCR 扩增的引物序列

引物名称	引物序列（5′→3′）	扩增产物大小（bp）
SMS2 上游引物	ACAGGCATCGCCTTTGTGTA	186
SMS2 下游引物	CCCAACCAATACCATCCCGT	
ACTB（*β-actin*）上游引物	TCGAGTCGCGTCCACC	157
ACTB（*β-actin*）下游引物	GGGAGCATCGTCGCCC	

9. 器材　超净工作台、微量移液器、电泳仪、紫外分析仪、恒温水浴锅、冷冻离心机、核酸蛋白定量仪、PCR 扩增仪及 real-time PCR 仪。

（五）示范操作

PCR 扩增仪的使用；real-time PCR 仪的使用。

【课堂作业】

1. 分析原始数据并比较各组织器官 *SMS2* 的表达水平。

2. 讨论如何利用扩增曲线和熔解曲线评价 RNA 样本提取质量及 PCR 扩增引物的特异性。

【复习思考题】

1. 如果数据分析过程中不用肝脏作为对照组，对计算其他器官 *SMS2* 基因的相对 mRNA 表达水平是否存在影响？

2. 为什么设计 qPCR 引物时需满足扩增产物的分子量大小应尽量小于 200bp？

3. 如果使用 *Taqman* 作为荧光探针检测 *SMS2* 基因在不同脏器的 mRNA 相对表达水平，引物设计时需注意哪些事项？

【参考文献】

Jiang XC, Paultre F, Pearson TA, et al., 2000. Plasma sphingomyelin level as a risk factor for coronary artery disease. Arterioscler Thromb Vasc Biol, 20: 2614-2618.

Liu J, Huan C, Chakraborty M, et al., 2009. Macrophage sphingomyelin synthase 2 deficiency decreases atherosclerosis in mice. Circ Res, 105: 295-303.

二、薄层层析法（TLC）测定鞘磷脂合酶活性

【学习目的要求】

1. 掌握鞘磷脂合酶活性测定的原理和方法。
2. 掌握鞘磷脂合酶活性实验结果的分析原理和方法。

【实验教学内容】

（一）实验原理

荧光标记的NBD标记的神经酰胺（NBD-Ceramide）可以作为鞘磷脂合酶（SMS）酶促反应过程中的底物，所生成的产物为NBD-SM（NBD标记的鞘磷脂），它在紫外线照射下可发出荧光；因此，在相同反应时间内NBD-SM的生成量是由SMS的含量（活性）决定，且呈正相关。由于薄层层析可将NBD-SM和NBD-Ceramide进行分离，因此，利用化学发光成像系统（紫外波长）可获取它们分离后的荧光图像；随后，可通过图像分析软件（ImageJ）定量分析NBD-SM的相对荧光强度（灰度值），即可间接体现SMS的活性。

（二）实验操作

1. 各取100mg小鼠肝脏、肾脏和肺组织，加入1mL匀浆缓冲液，用玻璃匀浆器在冰上匀浆使得各组织样品彻底捣碎，小心地将匀浆液转移入1.5mL离心管，4℃下5000r/min离心10min，取上清液备用。

2. 利用BCA法测定各组的蛋白质含量（见第二篇-实验一）。

3. 取1.5mL离心管，按表3-7建立酶活检测反应体系，混匀后，37℃水浴2h。

表3-7 SMS酶活检测反应体系

试剂	体积（μL）
10×SMS测定缓冲液	70
卵磷脂（PC）溶液	3
NBD标记神经酰胺溶液	4
待测样本	200μg
双蒸水	X
总体积	700

4. 每管加入700μL氯仿：甲醇（2：1）混合液，涡旋振荡1min。

5. 8000r/min离心10min，吸弃上清液，各组吸取等体积下层有机相转移到新离心管中，氮气吹干有机溶剂，各管再加入50μL氯仿重新溶解脂类物质。

6. 将上述样本上样于薄层层析板，完全干燥后，放入层析缸层析（展开剂为氯仿：甲醇：浓氨水＝14：6：1）15min，利用化学发光成像系统的紫外波长获取荧光图像。

（三）结果计算

所获实验结果NBD-SM的 R_f 值较小，其条带靠近上样原点，而条带比较亮且 R_f 值较大的是NBD-Ceramide（图3-1）。利用ImageJ软件获取NBD-SM条带的光密度值（灰度值），根据NBD-SM条带灰度值的大小，即可间接计算SMS的相对活性。

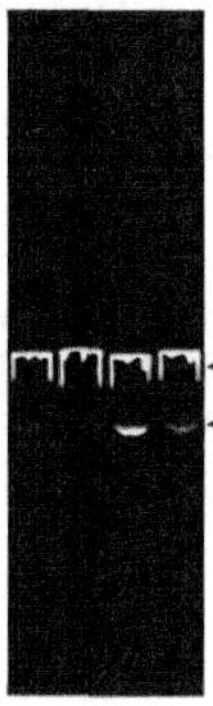

图 3-1　NBD-SM 和 NBD-Ceramide 薄层层析图

（四）主要试剂及器材

1. 10 × SMS 测定缓冲液　100mmol/L Hepes 溶液，300mmol/L $MnCl_2$ 溶液，10% BSA 溶液。

2. 卵磷脂（PC）标准液（20mg/mL）　20mg PC 溶于 1mL 乙醇。

3. NBD 标记神经酰胺溶液（1mg/mL）　1mg NBD-Ceramide 溶于 1mL 乙醇。

4. 匀浆缓冲液　50mmol/L Tris-HCl 溶液，5% 蔗糖溶液，1mmol/L EDTA 溶液，调节至 pH 7.4。

5. 氯仿。

6. 甲醇。

7. 浓氨水。

8. BCA 蛋白定量试剂　购自商业公司。

9. 耗材　1.5mL 离心管、各种 Tips 及层析板。

10. 器材　玻璃匀浆器、酶标仪、层析缸、冷冻离心机和化学发光成像仪。

（五）示范操作

酶标仪的使用；化学发光成像仪的使用。

【课 堂 作 业】

记录相应数据，而后计算不同脏器的相对 SMS 活性，完成实验报告。

【复习思考题】

1. 为什么可以使用 TLC 法分离鞘磷脂和神经酰胺？
2. 试述 SMS 活性与心血管疾病的关系。

【参 考 文 献】

颜念龙, 吴满平, 2010. 利用 Tet-Off 表达系统构建鞘磷脂合酶可调控高表达的 Huh7 肝癌细胞. 复旦学报 (医学版), 37(6): 719-723.

实验六　肉制品 DNA 条形码鉴定技术

【学习目的要求】

1. 掌握从不同肉制品材料中提取 DNA 的方法。
2. 学习 PCR 引物设计方法、PCR 体系和基本过程。
3. 了解 DNA 条形码概念及物种 PCR 鉴定的优点。

【实验教学内容】

DNA 条形码（DNA barcode）是指生物体内能够代表该物种的、标准的、有足够变异的、易扩增且相对较短的 DNA 片段。利用 DNA 条形码技术，可以对物种进行快速准确鉴定。

肉类食品制假掺假及动物皮革制假在国内外时有发生，严重危害了人们的健康，扰乱社会经济秩序。例如 2013 年在欧洲发生的“马肉风波”（牛肉中掺杂马肉），以及时有发生的“假羊肉”和“假牛肉”（用鸭肉等低价肉替代羊肉、牛肉等高价肉）事件，肉制品的公共卫生安全受到了各国政府的高度关注。由于肉类食品烹制过程复杂多样，并可能添加各种调味品，如火腿肠、肉松、肉丸、烤肉等，使原有肉质和口感发生改变，因此常规的品尝和检测手段难以发现。由于 DNA 具有较好的温度耐受性和稳定性，因此肉类经过高温烹饪后，DNA 仍能够存在于肉制品中。因此，利用物种基因的差异，可以对肉制品进行 DNA 鉴定。

（一）实验原理

细胞色素 c 氧化酶（cytochrome c oxidase，COX）是线粒体电子传递链的一个重要成员，在所有物种中均存在。研究发现，细胞色素 c 氧化酶亚基 I（*Cox1*）基因在大多数动物中有较明显的序列变异，因此可以利用 *Cox1* 基因对肉制品进行物种鉴定。*Cox1* 基因是建立物种 DNA 条形码的常用基因。基于物种间 *Cox1* 基因序列差异，设计特异性引物，进行 PCR 扩增，根据产物大小不同鉴定物种。

（二）实验操作

1. 引物设计　检索 Genbank 中猪、牛、羊、鼠的 *Cox1* 基因 DNA 序列，利用软件进行多序列比对，查找非同源区域（图 3-2）。利用引物设计软件 Primer Premier 6，针对非同源区进行特异性引物设计，其中 PCR 产物大小设置为小于 350bp。将设计得到的序列（表 3-8）交由生物公司合成引物。

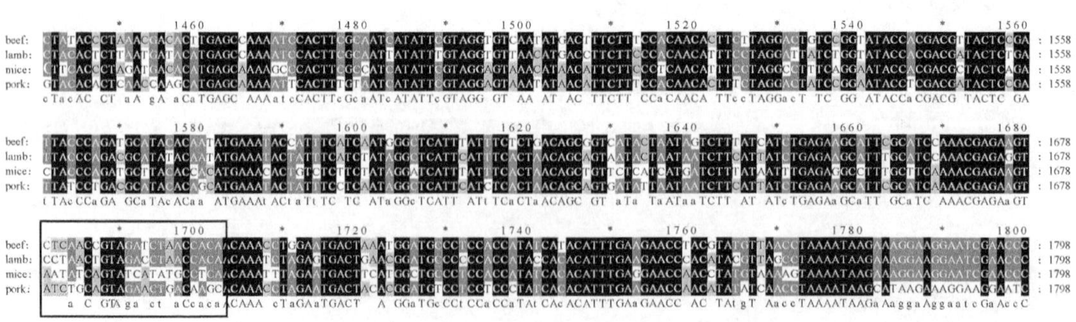

图 3-2　野猪、牛、羊、鼠 *Cox1* 基因序列比对

其中：beef 为亚洲水牛（*Bubalus bubalis*），lamb 为山羊（*Capra hircus*），mice 为家鼠（*Mus musculus*），pork 为野猪（*Sus scrofa*）

表 3-8　不同肉类 PCR 引物

引物及位点	引物序列（5′→3′）	产物大小（bp）	退火温度（℃）
羊 F1543	CACGACGATACTCTGATTAC	157	58
羊 R1699	GTGGTTAGGTCTACAGTTAG		
猪 F1436	CGGGTACACACTCAACCAAG	268	58
猪 R1703	TGTGCTTGTCAGTTCTACTGC		
牛 F1387	CTGTGTTCGCCATTATAGGA	313	58
牛 R1699	GTGGTTAGATCTACGGTTGAG		
鼠 F1575	ACCACATGAAACACTGTCTC	128	58
鼠 R1702	GTTGAGGCATATGATACTGATA		

2. DNA 提取

（1）将肉制品用 70% 乙醇溶液清洗除去油脂，再用蒸馏水清洗，放入 80℃干燥箱烘干，将干肉切碎，或者研磨成肉粉。鲜肉用剪刀剪碎，或直接用匀浆器研磨。

（2）称取肉末 100mg，放入匀浆器中，加 200μL TE 溶液，充分研磨。

（3）将匀浆转入 1.5mL 离心管中，加 400μL 裂解液，上下颠倒振摇 30 次。37℃水浴加热 10min，加入蛋白酶 K 溶液 50μL，56℃水浴加热 20min。

（4）12 000r/min 离心 10min，取上清液至新 1.5mL 离心管，加 600μL 苯酚∶氯仿∶异戊醇（25∶24∶1）溶液，上下颠倒振摇 30 次，12 000r/min 离心 5min。

（5）取上清液至新 1.5mL 离心管，加等体积氯仿∶异戊醇（24∶1）溶液，上下颠倒 30 次，12 000r/min 离心 5min。

（6）取上清液至新 1.5mL 离心管，加 0.6 倍体积的预冷的异丙醇溶液（或等体积无水乙醇），上下颠倒 10 次，12 000r/min 离心 5min，倒去上清液。

（7）用 70% 乙醇洗涤沉淀，12 000r/min 离心 5min，弃去上清液，干燥，加入 50μL TE 溶液溶解沉淀。–20℃下保存待用。

3. PCR 扩增

（1）PCR 体系见表 3-9，总体积 20μL。

表 3-9　PCR 反应体系

试剂	体积（μL）
2×PCR Master Mix	10
DNA 模板	5
上游引物	1
下游引物	1
去离子水	3

可以根据实际情况，给学生准备 1～4 种肉，随机分发；准备 2～4 种肉类引物，供学生鉴定使用（表 3-10）。也可增加难度，将肉进行混合，如牛肉与猪肉混合。

表 3-10　肉类样本 PCR 物种鉴定实验设计表

待检肉类	PCR1 管	PCR2 管	PCR3 管	PCR4 管	结果
待检肉类 1	猪引物	羊引物	牛引物	鼠引物	第（ ）管阳性

续表

待检肉类	PCR1 管	PCR2 管	PCR3 管	PCR4 管	结果
待检肉类 2	猪引物	羊引物	牛引物	鼠引物	第（ ）管阳性
待检肉类 *n*	猪引物	羊引物	牛引物	鼠引物	第（ ）管阳性

（2）PCR 反应程序：将反应体系放入 PCR 仪中，PCR 反应循环参数：94℃预变性 5min；94℃变性 30s，58℃退火 30s，72℃延伸 20s，30 个循环；72℃延伸 5min，4℃保存。扩增产物用 1.5%～2% 琼脂糖凝胶电泳进行检测。

4. 琼脂糖凝胶电泳 制备 2% 琼脂糖凝胶，取 PCR 产物 10μL 上样、DNA Marker 5μL 上样。100～120V 电泳 30min，紫外分析仪下观察 PCR 条带。绘图或照相，根据 DNA Marker 分析条带大小，判断所检测的肉制品种类（图 3-3）。

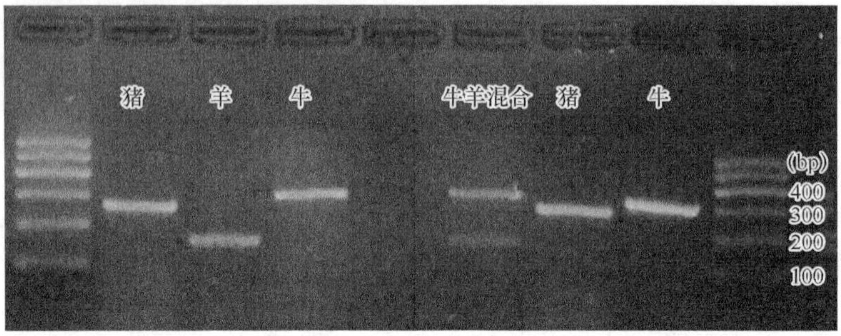

图 3-3 肉类样本 PCR 产物琼脂糖电泳鉴定结果

（三）试剂与器材

1. 裂解液 5mol/L 异硫氰酸胍溶液，0.05mol/L Tris-HCl 溶液（pH 6.4），0.02mol/L EDTA 溶液，1.3% Triton X-100。称取 0.606g Tris，溶解在 50mL 蒸馏水中，用 1mol/L HCl 溶液调至 pH 6.4；称取 59.08g 异硫氰酸胍，0.585g EDTA 溶液，溶解在上述 Tris-HCl 溶液（pH 6.4）中，加入 1.3mL Triton X-100，定容至 100mL。

2. TE 溶液 10mmol/L Tris-HCl 溶液（pH 8.0），1mmol/L EDTA-2Na 溶液（pH 8.0）。

3. 2.0% 琼脂糖凝胶 称取 2g 琼脂糖粉末，加入 100mL 1×TBE 应用液（电泳缓冲液），微波炉加热溶解。

4. 蛋白酶 K 20mg/mL（按购买说明配制）。

5. 苯酚∶氯仿∶异戊醇、氯仿∶异戊醇配制 参照第三篇-实验一中“一、全血 DNA 的提取（STMT 法）”。

6. 异丙醇。

7. 70% 乙醇 70mL 无水乙醇加 30mL 蒸馏水混匀。

8. 5×TBE 储存液、1×TBE 应用液配制 参照第三篇-实验一中“三、DNA 琼脂糖凝胶电泳”。

9. 器材 烘箱，匀浆器，离心机，恒温水浴锅，PCR 扩增仪，20μL、200μL、1000μL 微量移液器，电泳仪，电泳槽，紫外分析仪。

（四）示范操作

台式高速离心机的使用；PCR 扩增仪的使用；琼脂糖凝胶制备。

【课堂作业】

观察实验结果，书写实验报告。

【复习思考题】

1. 影响 DNA 提取成功与否的关键因素有哪些？
2. PCR 反应体系中各成分在 PCR 中的作用？
3. 本实验中，为什么设计引物时要求 PCR 产物小于 350bp？
4. 是否还有其他的分子生物学方法对肉制品进行鉴定？
5. 除了 *Cox1* 基因，还有哪些基因适用于 DNA 条形码鉴定？

【参考文献】

Dai ZY, Qiao J, Yang SR, et al., 2015. Species authentication of common meat based on PCR analysis of the mitochondrial COIgene. Appl Biochem Biotechnol, 176: 1770-1780.

实验七　检测人 *CLEC4M* 基因多态性

【学习目的要求】

1. 掌握 Chelex-100 快速 DNA 抽提法的基本原理。
2. 熟悉 Chelex-100 快速 DNA 抽提法的操作技术。
3. 熟悉串联重复序列中不同串联重复序列数目的判断。

【实验教学内容】

（一）实验原理

Chelex-100 是一种螯合型离子交换树脂，由苯乙烯和苯乙二烯组成，含有成对的亚氨基二乙酸盐离子，起着螯合基团作用，对多价金属离子有极强亲和力。在低离子强度、碱性及 100℃煮沸条件下，细胞膜裂解，与 DNA 结合的蛋白质发生变性，游离出 DNA。Chelex-100 与金属离子螯合后，能够抑制核酸酶对 DNA 的消化作用（在低离子强度及加热条件下，检材基质中的金属离子可以辅助 DNA 酶降解 DNA，还会抑制 PCR）。Chelex-100 颗粒可离心去除，不影响需要 Mg^{2+} 的 PCR。本方法可用于全血、血痕、精液、精斑、口腔拭子、毛发、羊水及组织等样品中 DNA 的提取。

与有机提取法和盐析法相比，该方法具有如下优点：①简单快速，整个过程约 1h，而有机提取法时间较长，盐析法的步骤也较多。②检材用量少，血痕仅需 3mm×3mm 或全血 5μL，特别适用于微量血痕的检验。③整个提取过程始终在一个离心管内进行，避免了 DNA 的丢失，所用试剂少，减少了污染。④成本较低。但该方法得到的 DNA 纯度较低，对于 DNA 纯度要求高的实验可以选择其他方法。

SIGN（肝脏/淋巴结特异性的细胞间黏附分子-3 整合素）是 C 型植物血凝素家族的一种Ⅱ型跨膜糖蛋白，是艾滋病病毒、丙型肝炎病毒和结核分枝杆菌等病原体的受体，同时也是 SARS（重症急性呼吸综合征）冠状病毒的受体。L-SIGN 分子的细胞外颈区是和病原体结合的部位，由位于 19p13 的 *CLEC4M* 基因的 exon4 编码。在 *CLEC4M* 基因的 exon4 上含有 69bp 的串联重复序列，每一个体的两条同源染色体上的此串联重复序列数目可在 3～9 变化。研究发现 *CLEC4M* 基因纯合子的个体感染 SARS 的风险较杂合子个体低 30%，因为 *CLEC4M* 基因纯合子的个体结合和分解 SARS 冠状病毒的能力较强，在 SARS 感染中起保护作用。

本实验先用 Chelex-100 快速 DNA 抽提法提取人基因组 DNA，然后对 *CLEC4M* 基因进行扩增，进而用琼脂糖凝胶电泳检测 *CLEC4M* 基因多态性。

（二）实验操作

1. 清水漱口，灭菌棉签擦拭颊黏膜 10 次以上。

2. 将口腔拭子放入 1.5mL 离心管内，加入 300μL 5% Chelex-100 溶液、20mg/mL 蛋白酶 K 溶液 20μL，搅动使细胞脱落；折断拭子，将棉花部分留在离心管中。

3. 56℃孵育 40min，旋涡振荡 5～10s。

4. 沸水浴加热 5min，旋涡振荡 5～10s。

5. 12 000r/min 离心 5min，取上清液进行 PCR 扩增反应。

6. PCR 反应体系（表 3-11），总体积 20μL。

表 3-11 PCR 反应体系

试剂	体积（μL）
2×PCR Master Mix	10
DNA 模板	1
上游引物	0.4
下游引物	0.4
去离子水	8.2

PCR 反应循环参数：94℃预变性 3min；94℃变性 20s，60℃退火 20s，72℃延伸 45s，35 个循环；72℃延伸 5min，4℃保存。

7. 琼脂糖凝胶电泳检测 *CLEC4M* 基因多态性：制备 1.5% 琼脂糖凝胶，PCR 产物 10μL 上样，100bp DNA Marker 3μL 上样，120V 电泳 45min，凝胶成像系统/紫外分析仪拍照判断基因型。

（三）结果判断

CLEC4M 基因 exon4 上的串联重复序列为 69bp，重复序列两端序列长度和为 175bp。最常见的等位基因长度为 658bp（串联重复序列重复 7 次），最短的等位基因长度为 382bp（串联重复序列重复 3 次），最长的等位基因长度为 796bp（串联重复序列重复 9 次）。

图 3-4 中 M 为 100bp DNA Marker，7 泳道为阴性对照，1、4 泳道在 600bp 和 700bp 有 1 个片段，其样品是 7/7 基因型。2、3、5、6 泳道各有 2 个片段，分别在 500bp 和 600bp、600bp 和 700bp 之间。其中 3 泳道的两个片段较弱，其大片段与 2、5、6 的大片段位置相同，但小片段比 2、5、6 的小片段大，可以判断 2、5、6 泳道样品为 5/7 基因型，3 泳道样品为 6/7 基因型。

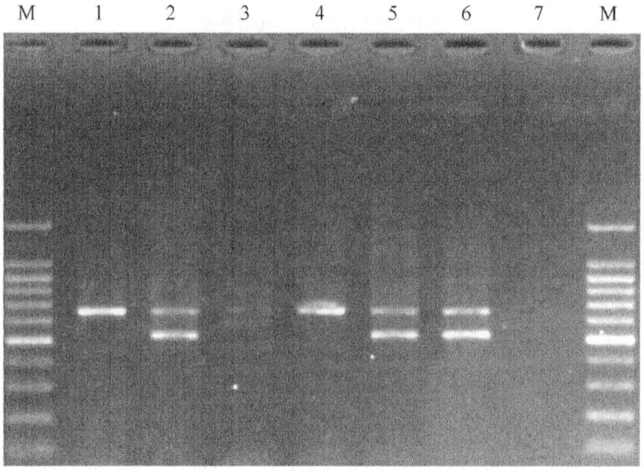

图 3-4 *CLEC4M* 基因串联重复序列 PCR 产物电泳图

（四）注意事项

1. 在加入 Chelex-100 溶液时需充分混匀。

2. PCR 所用的是离心后的上清液，不能取到 Chelex-100 颗粒。

3. 如果要长期保存 Chelex-100 快速 DNA 抽提法提取的 DNA 溶液，可以离心后除去 Chelex-100 颗粒。

（五）试剂与器材

1. 灭菌棉签。

2. 5% Chelex-100 溶液 称取 5g Chelex-100，加入灭菌超纯水定容至 100mL，4℃保存。

3. 20mg/mL 蛋白酶 K 溶液 100mg/瓶的蛋白酶 K 的瓶中直接加入灭菌去离子水 5mL，充分混匀，分装后 –20℃保存。

4. 人 *CLEC4M* 基因 PCR 引物序列，如下：

上游：5′-CCCTAAGTCAGGAACAATCCGA-3′

下游：5′-TCACAGGGGAGGAAACTGAG-3′

5. 2×EasyTaq PCR SuperMix 购自商业公司。

6. 50×TAE 电泳缓冲液储存液 准确称取 Tris 242g，EDTA-2Na 溶液 37.2g，加入 800mL 蒸馏水溶解后，加 57.1mL 冰醋酸，用蒸馏水定容至 1000mL。临用前用蒸馏水稀释成 1×TAE 电泳缓冲液应用液使用。

7. 1×TAE 电泳缓冲液应用液 将 50×TAE 电泳缓冲液储存液用蒸馏水稀释 50 倍使用，如取 10mL 储存液加 490mL 蒸馏水定容到 500mL，充分混匀。

8. 琼脂糖 购自商业公司。

9. 100bp DNA Marker 购自商业公司。

10. 器材 PCR 仪、电泳仪、离心机、恒温水浴锅、振荡器、天平、烧杯、量筒、移液器及其吸头、离心管等。

（六）示范操作

PCR 仪的使用；琼脂糖凝胶制备。

（七）设计型实验

Chelex-100 快速 DNA 抽提法得到 DNA 的纯度不高。请设计实验方案提高 Chelex-100 快速 DNA 抽提法得到 DNA 的纯度。

【课堂作业】

记录实验结果，书写实验报告。

【复习思考题】

如果本实验中一个个体的 PCR 产物在琼脂糖凝胶电泳时出现 3 个条带，最可能的原因是什么？

【参考文献】

高泽华, 韩海军, 贾东涛, 2020. 不同拭子和润湿试剂对生物物证的转移释放效果研究. 中国法医学杂志, 35(5): 499-502.

Chan V S, Chan K Y, Chen Y, et al. , 2006. Homozygous L-SIGN (CLEC4M) plays a protective role in SARS coronavirus infection. Nat Genet, 38(1): 38-46.

实验八　PCR-RFLP 检测 *NQO1* C609T 多态性

【学习目的要求】

1. 掌握盐析法快速抽提 DNA 的原理；掌握 PCR-RFLP 检测单核苷酸多态性（SNP）分型的原理。

2. 熟悉盐析法快速 DNA 抽提法的操作技术。

3. 了解单核苷酸多态性的常用分型方法。

【实验教学内容】

（一）实验原理

SNP 是指群体基因组 DNA 特定的核苷酸位置上，不同个体之间存在 2 种或 2 种以上不同碱基，形成 DNA 序列多态性，其中低频率的等位基因在群体中的频率不小于 1%。根据 SNP 在基因中的位置，SNP 可分为编码区 SNP、内含子区 SNP 和调控区 SNP。

单核苷酸多态性的常用分型技术：单链构象多态性、限制性片段长度多态性（restriction fragment length polymorphism，RFLP），变性梯度凝胶电泳、温度梯度凝胶电泳、变性高效液相色谱、单碱基延伸、高分辨率熔解曲线、DNA 测序等，它们都是在对目的 SNP 扩增的基础上对 PCR 产物进行分析。

限制性核酸内切酶是一类能识别 DNA 特异序列并对特异序列进行切割的酶类。因 1 个碱基的改变可能产生或取消一个特定的限制性酶切位点，改变酶切后 DNA 片段的大小和数目，在电泳时显示出不同的图谱，从而可以对 SNP 的基因型进行判断。

依赖还原型辅酶Ⅰ/Ⅱ醌氧化还原酶［NAD(P)H:quinone oxidoreductase 1，NQO1］是一种双电子还原酶，能够还原内源性和外源性的醌类，使其生成毒性低且稳定的氢醌，再转化为水溶性的化合物排出体外。*NQO1* 基因的 cDNA 第 609 位点有 C 到 T 的错义突变。在正常人群中也发现了该位点突变等位基因的存在，从而确定为多态性。当多态位点为 T 时，与邻近序列得到 GAATC 会被 *Hin*f Ⅰ识别（识别序列为 G↓ANTC）并切开。当多态位点为 C 时，与邻近序列得到 GAACC 不能被切开。目前的研究认为 *NQO1* 基因 C609T（rs1800566）多态性可能与苯中毒的易感性等相关。

盐析法提取口腔拭子 DNA 是用细胞裂解液和蛋白酶 K 消化裂解口腔黏膜上皮细胞，使其释放 DNA，然后用浓盐沉淀蛋白质并通过离心去除蛋白质，再用异丙醇沉淀 DNA，最后经 70% 乙醇洗涤后得到高质量 DNA。

本实验利用盐析法提取口腔拭子 DNA，PCR 扩增后得到 247bp 的 PCR 产物。用 *Hin*f Ⅰ对 PCR 产物进行酶切，琼脂糖凝胶电泳分析 *NQO1* 基因 C609T 多态性。

（二）实验操作

1. 清水漱口，灭菌棉签擦拭颊黏膜 10 次以上。

2. 将拭子放入 1.5mL 离心管中，加入裂解液 400μL、20mg/mL 蛋白酶 K 溶液 20μL，搅动使拭子上口腔黏膜上皮细胞脱落，折断拭子（棉花部分留在离心管中）。

3. 将离心管放入 65℃恒温水浴锅 30min，其间摇动数次。

4. 取出离心管瞬时离心，加入 200μL 5mol/L NaCl 溶液，充分混匀。瞬时离心，将离心管内液体尽量转移到新的离心管中。12 000r/min 离心 5min，将上清液转移到新的离心管中。

5. 加入等体积异丙醇，充分混匀。12 000r/min 离心 5min，弃上清液。沉淀加入 1.0mL 70% 乙醇洗涤 1 次，12 000r/min 离心 5min，弃上清液。

6. 瞬时离心，将离心管管底乙醇吸出，加入 50μL TE 溶液溶解 DNA。

7. 使用微量核酸蛋白定量仪对 DNA 定量。根据 DNA 定量结果，取部分 DNA 稀释为 10ng/μL 作为扩增模板（如果没有仪器此步骤可以不做）。

8. PCR 扩增反应体系（表 3-12），总体积 20μL。

表 3-12　PCR 反应体系

试剂	体积（μL）
2×PCR Master Mix	10
DNA 模板	1
上游引物（10μmol/L）	0.4
下游引物（10μmol/L）	0.4
去离子水	8.2

PCR 反应循环参数：94℃预变性 3min；94℃变性 20s，60℃退火 20s，72℃延伸 20s，35 个循环；72℃延伸 5min，4℃保存。使用 1×TAE 配制 2% 琼脂糖凝胶，120V 电泳 30min 检测 PCR 产物。

9. 酶切（表 3-13），总体积 20μL。

表 3-13　酶切反应体系

试剂	体积（μL）
10×FastDigest Green Buffer	2
FastDigest *Hinf* Ⅰ	1
PCR 产物	10
去离子水	7

混匀，37℃在 PCR 仪或恒温水浴锅酶切 10min。

10. 2% 琼脂糖凝胶电泳：制备 2% 琼脂糖凝胶，取 10μL 酶切产物、3μL DNA Marker Ⅰ上样，120V 电泳 30min，凝胶成像系统/紫外分析仪拍照判断基因型。

（三）结果判断

图 3-5 中 1、4、7、10 泳道在 100～199bp、200～300bp 各有 1 个片段，这些样品为 CT 基因型。2、5、8 泳道在 100～199bp 有 1 个片段，这些样品为 TT 基因型。3、6、9 泳道在 200～300bp 有 1 个片段，这些样品为 CC 基因型。

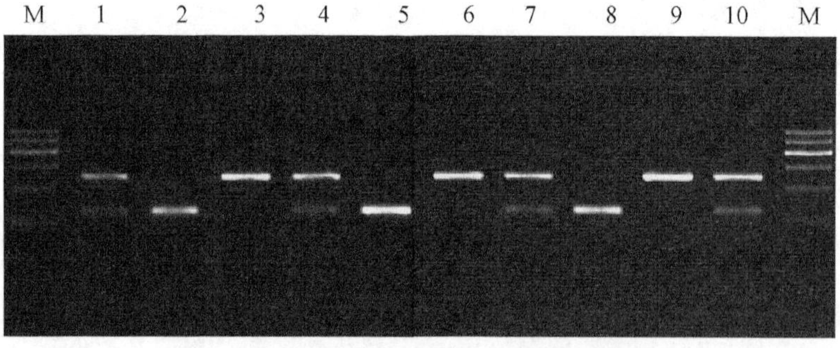

图 3-5　*NQO1* 基因 PCR 产物酶切电泳图

（四）注意事项

1. 棉签须为灭菌棉签。

2. 通常情况下在加入异丙醇后看不到絮状沉淀，但如果棉签在颊黏膜擦拭次数较多可能会在加入异丙醇后看到絮状沉淀（证明 DNA 量较多）。

3. TE 溶液最好是从公司购买 DNA 提取试剂盒中的 DNA 洗脱液，自己配制不当（如 pH 值不合适）可能会使得到的 DNA 容易降解。

（五）试剂与器材

1. 灭菌棉签。

2. 盐析裂解液（10mmol/L Tris-HCl，10mmol/L KCl，10mmol/L $MgCl_2$，2mmol/L EDTA，0.4mol/L NaCl，1% SDS）　在装有 300mL 灭菌去离子水的 500mL 量筒加入 KCl 0.3725g，$MgCl_2$ 0.476g，NaCl 11.688g，SDS 5g，Tris 0.606g，乙二胺四乙酸二钠 0.372g，最后定容为 500mL，室温保存。

3. 20mg/mL 蛋白酶 K 溶液　100mg/瓶的蛋白酶 K 的瓶中直接加入灭菌去离子水 5mL，充分混匀，分装后 –20℃保存。

4. 5mol/L NaCl　NaCl 29.25g 加入灭菌的 100mL 量筒中，加灭菌去离子水溶解，最后定容为 100mL，高压灭菌后室温保存。

5. TE 溶液　可为各公司基因组 DNA 提取试剂盒提供的 Elution Buffer（EB）或洗脱缓冲液 TB。

6. 异丙醇。

7. 70% 乙醇　70mL 无水乙醇加 30mL 纯化水混匀。

8. 2 × PCR Master Mix　购自商业公司。

9. 正向引物（5′-GAAGCCCAGACCAACTTCTG-3′），反向引物（5′-AGGCTGCTTGGAGCAAAATA-3′），PCR 产物长度为 247bp。

10. 50 × TAE 电泳缓冲储存液和 1 × TAE 电泳缓冲应用液配制　参照第三篇-实验七。

11. 6 × DNA 上样缓冲液　购自商业公司。

12. 琼脂糖　购自商业公司。

13. FastDigest *Hinf* Ⅰ　购自商业公司。

14. DNA Marker I　购自商业公司。

15. 器材　PCR 扩增仪、电泳仪、离心机、恒温水浴锅、振荡器、天平、烧杯、量筒、移液器及其吸头、离心管等。

（六）示范操作

口腔拭子的制备；琼脂糖凝胶的制备；琼脂糖凝胶的点样。

（七）设计型实验

2 个 SNP 位点共用一种内切酶，请设计实验方案使一次酶切即可对 2 个 SNP 进行分型。

【课堂作业】

记录实验结果，书写实验报告。

【复习思考题】

1. 如果检测的 SNP 位点没有可用的内切酶，能不能用酶切的方法对 SNP 进行分型？
2. 为什么本实验中 TT 基因型酶切后在 2% 琼脂糖凝胶电泳只表现为 1 个条带？

【参考文献】

朱伟锋, 罗达亚, 涂硕, 等, 2011. 盐析法快速提取口腔拭子 DNA. 第二军医大学学报, 32(12): 1370-1374.

实验九　感受态细胞的制备及蓝白斑筛选

【学习目的要求】

1. 掌握氯化钙法制备大肠埃希菌（俗称大肠杆菌）感受态细胞的方法和操作步骤。
2. 掌握α-互补原理和蓝白斑筛选原理。
3. 掌握蓝白斑筛选鉴定重组DNA的方法和操作步骤。
4. 了解大肠杆菌感受态细胞的用途。

【实验教学内容】

（一）实验原理

1. 感受态细胞的制备　细菌细胞经过一些特殊方法（如$CaCl_2$等化学试剂）的处理后，细胞膜的通透性发生变化，容易吸收外源DNA，并且不易被细胞内的限制性核酸内切酶分解时所处的一种特殊生理状态称为感受态（competence）。对数生长期的大肠杆菌DH5α在0℃经过低渗$CaCl_2$溶液处理后，可以形成感受态细胞。在低温下，与质粒DNA形成抗DNA酶的羟基-钙磷酸复合物黏附于感受态细胞表面，42℃短时间热刺激可以促进质粒进入细胞。

2. 蓝白斑筛选原理（重组子的鉴定）　重组DNA转化到感受态细胞后，并非所有的细胞都能被导入重组DNA，一般仅有少数重组DNA能进入细胞，同时也只有极少数的细胞在吸纳重组DNA分子之后能良好增殖。由于它们是与其他大量未被转化的细菌细胞混杂在一起，因此需要各种筛选及鉴定手段区分转化的细菌（阳性菌）与非转化细菌（阴性菌），并从转化的细菌群体中分离出带有目的基因的重组子（recombinant）。

蓝白斑筛选是重组子筛选的一种方法，是在抗生素筛选的基础上进行第二次筛选，其依据载体的遗传特征来进行重组子的筛选。蓝白斑筛选所用的质粒带有1个大肠杆菌的DNA的短区段，其中有*β*-半乳糖苷酶（*LacZ*）基因的调控序列和N端146个氨基酸（又称α肽）的编码信息。

当未重组质粒转化*LacZ* M15基因型的宿主细菌（含有编码N端缺陷型的*β*-半乳糖苷酶多肽的基因，又称ω肽）后，质粒与宿主细菌基因组分别合成互补的两个肽段（即α-互补）。宿主细菌和质粒编码的*β*-半乳糖苷酶多肽片段在单独存在时虽都没有酶活性，但它们同时存在时，具有*β*-半乳糖苷酶活性，该酶可以将无色的5-溴-4-氯-3-吲哚半乳糖苷（X-gal）分解成深蓝色，致使非重组菌形成蓝色菌落。当外源DNA分子通过多克隆位点（MCS）插入在*LacZ*基因编码区时，破坏了α肽的可读框（ORF），产生无α-互补能力的多肽片段，在含异丙基硫代-*β*-*D*-半乳糖苷（IPTG）和X-gal培养基中，带有重组质粒的细菌形成白色菌落。因此，通过蓝白斑筛选，很容易鉴别出重组子（图3-6）。

本实验转化过程中的质粒来源既可以是TA克隆载体与基因连接的产物（如人*p16*基因PCR扩增产物的TA克隆连接产物，见第三篇-实验十二），也可以是未重组或重组后的克隆载体或表达载体（如pBR322质粒、pUC19/pUC19-EGFP质粒等），操作过程基本相同。如质粒pUC19携带有氨苄青霉素抗性（*Amp*）基因，在含有Amp的平板上筛选重组子。没有导入质粒pUC19的受体细菌，在含有氨苄青霉素（Amp）的平板上不生长。质粒pUC19进入DH5α大肠杆菌后，通过α-互补作用，形成完整的*β*-半乳糖苷酶，菌落形成蓝色。重组质粒pUC19进入DH5α大肠杆菌后，破坏了α-互补作用，不能形成完整的*β*-半乳糖苷酶，菌落形成白色（图3-7）。

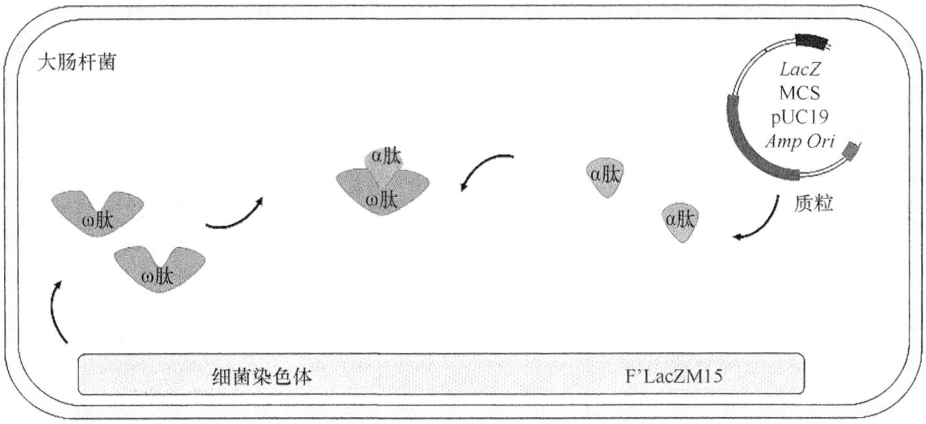

图 3-6　α-互补原理

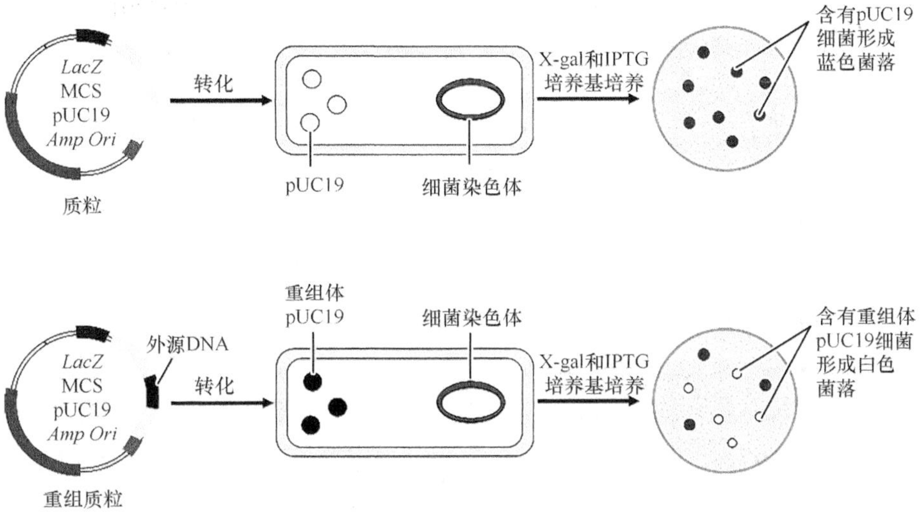

图 3-7　蓝白斑筛选原理

（二）实验操作

1. $CaCl_2$ 法制备大肠杆菌感受态细胞

（1）用接种环分别挑取单克隆大肠杆菌 DH5α 菌落于 5mL LB 液体培养基中，37℃ 200r/min，振荡培养过夜。

（2）将过夜培养的细菌按 1∶100 的比例转接至 200mL LB 液体培养基中振荡培养 2～3h（OD_{600} 0.4～0.6）。

（3）将生长对数期的菌液置冰上冷却 10min，放到灭菌的 50mL 离心管中，4℃ 2500r/min 离心 10min，无菌条件下弃去上清液。

（4）用 0.1mol/L 的 $MgCl_2$ 溶液 25mL 悬浮菌体，轻柔冲洗，使菌体分散，4℃ 2500r/min 离心 10min，无菌条件下弃去上清液。

（5）用 0.1mol/L 的 $CaCl_2$ 溶液 25mL 再次悬浮菌体，轻柔冲洗，使菌体分散，冰浴 10min，然后 4℃ 2500r/min 离心 10min，无菌条件下弃去上清液。

（6）用 0.1mol/L $CaCl_2$-15% 甘油混合液 10mL，再次悬浮菌体，轻轻混匀，冰浴 20min。

（7）将混匀的细菌分装成 100μL 每管，封口，迅速放入液氮中，–80℃冰箱可保存半年。

2. 质粒转化和蓝白斑筛选

（1）准备冰盒一个，打开超净工作台，使其处于工作状态，将水浴锅调至 42℃，以下操作除孵育、振荡菌液外，其余均需在超净工作台内进行。

（2）从 –80℃冰箱中取出 DH5α 感受态细胞，置冰盒内解冻。

（3）在超净工作台内，按照 1∶10 的比例，将质粒 DNA（如 pUC19 质粒和重组 pUC19 质粒）加入到 DH5α 感受态细胞中，轻弹管壁，置冰上 30min。

（4）立即放入 42℃水浴锅中热激 45～90s，不要摇动试管，取出后置冰盒中冷却 5min。

（5）每管中加入 1mL LB 液体培养基，37℃ 200r/min 复苏 1h。

（6）5000r/min 离心 3min，弃上清液，用 100μL LB 液体培养基将菌体沉淀重悬，连同 100μL X-gal 溶液和 10μL IPTG 溶液均匀涂抹在含 Amp 的筛选 LB 固体培养基上。

（7）将固体培养基 37℃正置培养 10min，然后待菌液完全吸收后，倒置平板培养 12～16h，观察菌斑的出现和蓝白斑筛选的效果。

（三）注意事项

1. 大肠杆菌感受态细胞应避免反复解冻。

2. 整个操作过程要轻柔，避免微量移液器反复吹打大肠杆菌感受态细胞。

3. 制备大肠杆菌感受态细胞时，需在无菌和低温条件下进行，防止杂菌和杂 DNA 污染。

4. 固体培养基加入 Amp 溶液时，温度不宜过高，避免 Amp 失活。

5. 白色菌落中的重组质粒内插入的片段是否是目的 DNA 还需要进一步鉴定。

（四）试剂与器材

1. 大肠杆菌 DH5α 菌种。

2. 质粒（20ng/μL） 50μL 无菌水溶解 1μg 质粒，–20℃保存备用。

3. LB 液体培养基 准确称量 25g Miller-LB 培养基粉末，加入 1000mL 蒸馏水，涡旋混匀。用 1mol/L NaOH 调节 pH 至 7.0，在 121℃高压灭菌 25min。

4. LB 固体培养基 称取蛋白胨 5g，酵母提取物 2.5g，NaCl 5g，琼脂粉 7.5g，加水定容到 500mL，高压灭菌。待培养基温度降到 55℃时（手可触摸）在超净台中将抗生素加入培养液并充分摇匀，以免温度过高导致抗生素失效。而后将培养基倒入培养皿中，每皿约 10mL。静置至培养基冷却凝固后，用封口胶封边，并倒置放于 4℃保存，可一个月内使用。

5. 100mg/mL Amp 溶液 称取 1g Amp 溶于灭菌的 10mL 超纯水中，–20℃保存备用。

6. 0.1mol/L $CaCl_2$ 溶液 称取 2.94g $CaCl_2 \cdot 2H_2O$ 溶解于 200mL 的超纯水中，高压灭菌。

7. 0.1mol/L $MgCl_2$ 溶液 称取 4.06g $MgCl_2 \cdot 6H_2O$ 溶解于 200mL 的超纯水中，高压灭菌。

8. 0.1mol/L $CaCl_2$-15% 甘油混合液 称取 1.47g $CaCl_2 \cdot 2H_2O$ 溶解于 100mL 15% 甘油中，高压灭菌。

9. 20% IPTG 溶液 称取 2g IPTG 溶于灭菌的 10mL 超纯水中，–20℃保存备用。

10. 2% X-gal 溶液 称取 0.2g X-gal 溶于灭菌的 10mL 超纯水中，–20℃避光保存备用。

11. 器材 超净工作台、台式高速冷冻离心机、恒温摇床、恒温培养箱、水浴锅、制冰机、超纯水机、磁力搅拌器、pH 计、灭菌锅、冰箱、液氮罐、微量移液器、可见分光光度计、计时器等。

（五）示范操作

单克隆转化菌落的挑取；菌液涂布。

【课堂作业】

观察实验现象，书写实验报告。

【复习思考题】

1. 如何将质粒 DNA 导入到真核细胞？

2. 在平板上生长出的菌落是否都是质粒转化克隆菌？

3. 在抗生素平板中，有时候在大菌落的周围出现一圈小菌落，称为“卫星菌落”，为什么会出现这种现象？

4. 如何提高大肠杆菌感受态细胞转化效率？

【参考文献】

刘箭, 2015. 分子生物学及基因工程实验教程. 3 版. 北京：科学出版社.

袁栎, 2016. 医学生物化学与分子生物学实验教程. 北京：科学出版社.

实验十　重组质粒的构建与转化

【学习目的要求】

1. 掌握 T4 DNA 连接酶作用的原理。
2. 掌握外源 DNA 与质粒分子连接的技术。
3. 掌握感受态细胞转化的原理和方法。

【实验教学内容】

（一）实验原理

1. 质粒（plasmid） 是存在于细胞染色体之外的一种双链 DNA 分子，其大小为 1～200kb，主要发现于细菌、放线菌及某些真菌中。质粒具有自主复制和转录的能力，能够随着寄主细胞的分裂而稳定地遗传给后代，并表达所携带的遗传信息。质粒往往会携带遗传标记基因，如抗生素抗性基因、重金属抗性基因和降解特定物质的酶基因等，这些性状有利于细菌在特定的环境条件下生存。

质粒在基因工程及生物技术领域具有广泛的应用价值，许多实验室利用天然质粒的 DNA 片段构建载体。这些经人工改造的质粒及其衍生物，已成为重组 DNA 技术中最常用的载体。这些载体都含有复制子、标记基因、多克隆位点（multiple cloning site，MCS）3 个部分。复制子是一段 DNA 片段，其中包含有 DNA 复制起始点（*Ori*）及复制所需要的 RNA 和蛋白质的基因。一般情况下，标记基因是编码某种抗生素的抗性基因。多克隆位点是限制性核酸内切酶切割的位点，在这个位点插入外源 DNA 不会影响质粒复制及让宿主产生选择性表型的能力。

按照分子组成，质粒可以分为 DNA 质粒和 RNA 质粒，其中 DNA 质粒是最常见的类型。按照分子构型，质粒可以分为共价闭合环状结构 DNA（covalent closed circular DNA，cccDNA）和线性 DNA。迄今为止，所发现的质粒大多为 cccDNA，但也有少数以线性 DNA 的形式存在。按照复制类型，质粒可分为严紧型质粒和松弛型质粒。严紧型质粒的复制与宿主细胞的繁殖偶联，拷贝数较少，而松弛型质粒的复制则独立于宿主细胞的繁殖，拷贝数较多。按照所携带的标记基因及其赋予宿主的特点，质粒又可以分为抗性质粒、致育因子、降解质粒、侵入性质粒和隐秘质粒等。此外，还有克隆质粒、表达质粒、慢病毒质粒和 RNAi 质粒等，分别用于 DNA 片段克隆、基因表达研究、基因传递和基因治疗及 RNA 干扰研究。

2. 质粒载体与外源 DNA 的连接 在实验中选用合适的克隆载体是成功进行体外重组的关键要素之一。pUC19 质粒（图 3-8）是最常用的克隆载体，它是大小为 2686bp 的环状双链 DNA 载体，有 1 个（*Amp*）基因，1 个复制起始点和 1 个多克隆位点。此外，pUC19 质粒中引入了 *β*-半乳糖苷酶（*LacZ*）基因，可用于检查外源 DNA 是否插入到质粒中。

外源 DNA 片段与线状质粒 DNA 的连接，也是在双链 DNA 5′ 磷酸和相邻的 3′ 羟基之间形成新的共价键，这种相邻的磷酸二酯键可在体外由大肠杆菌 DNA 连接酶或 T4 DNA 连接酶催化形成。其中，T4 DNA 连接酶最为常用，它既能连接平端 DNA 片段，也可以连接黏性末端 DNA 片段（图 3-9）。

3. 质粒转化 转化（transformation）是指将外源 DNA 导入感受态细胞，并使后者获得新的遗传性状的一种手段。实验室常用转化方法为热激法，原理是细胞处于 0℃的 $CaCl_2$ 低渗溶液中，细胞膨胀成球形，转化混合物中的 DNA 形成抗 DNA 水解酶的羟基-钙磷酸复合物黏附于细胞表面，经 42℃热处理，促进了细胞吸收 DNA 复合物。进入细胞的 DNA 分子通过复制、表达从而实现遗传信息的转移，使细胞出现新的遗传性状。将经过转化后的细胞在筛选培养基中培养，即可筛选出带有外源 DNA 分子的细胞，即转化子（transformant）。

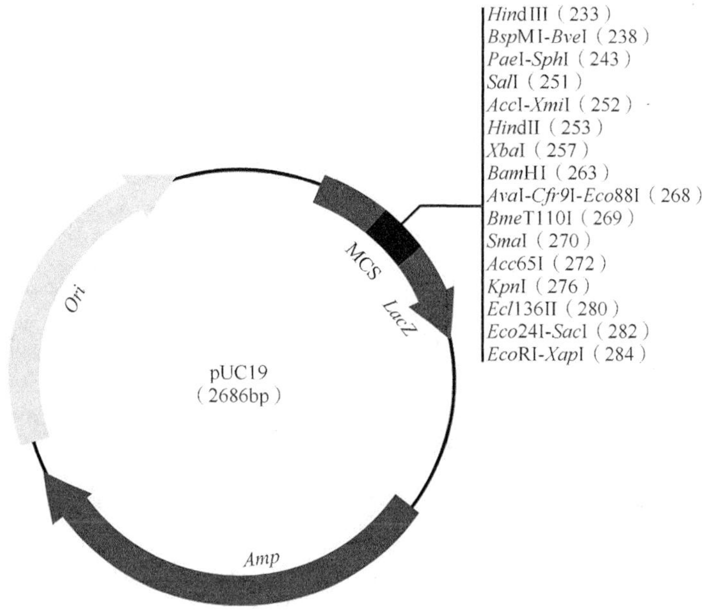

图 3-8　pUC19 质粒图谱

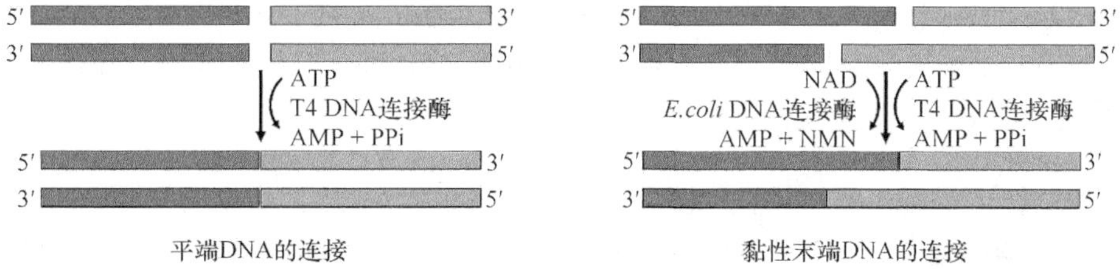

图 3-9　DNA 连接酶连接作用示意图

本实验转化过程中的质粒来源既可以是 TA 克隆载体与基因连接的产物（如人 *p16* 基因 PCR 扩增产物的 TA 克隆连接产物，见第三篇-实验十二），也可以是未重组或重组后的克隆载体或表达载体（如 pBR322 质粒、pUC19/pUC19-EGFP 质粒等），操作过程基本相同。如使用 *Xba*Ⅰ 和 *Hind*Ⅲ双酶切 pUC19 质粒，使其转变为线性质粒载体，加入 *EGFP* DNA 片段，用 T4 DNA 连接酶连接成 pUC19-EGFP 重组质粒。随后将重组质粒转化到 DH5α 感受态细胞中，挑选单克隆菌落（图 3-10）。

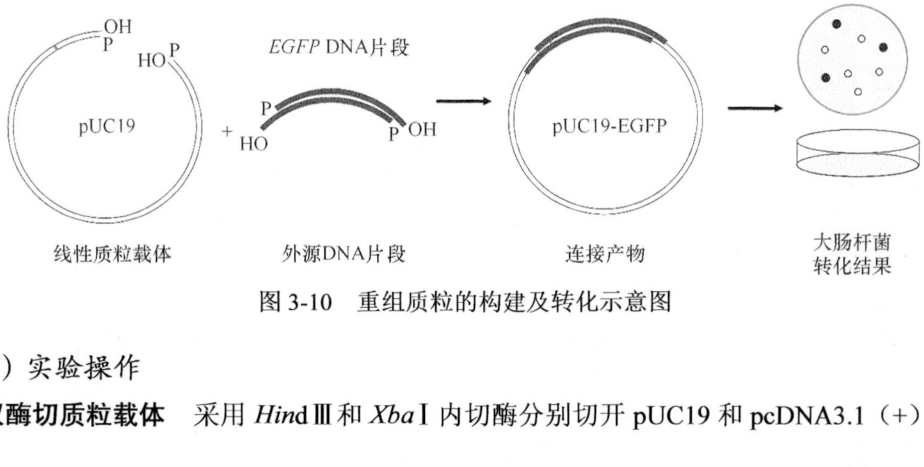

图 3-10　重组质粒的构建及转化示意图

（二）实验操作

1. 双酶切质粒载体　采用 *Hind*Ⅲ和 *Xba*Ⅰ内切酶分别切开 pUC19 和 pcDNA3.1（+）EGFP 载

体质粒，用于获得 pUC19 线性质粒载体和 *EGFP* DNA 片段。按表 3-14 配制酶切反应体系：

表 3-14　质粒酶切反应体系

试剂	体积（μL）
pUC19（4μg）	X
Hind Ⅲ	1
Xba Ⅰ	1
CutSmart Buffer	3
去离子水	补足体积至 30μL

pUC19 的体积（*X*）依据质粒的浓度而定，配制完成后，37℃水浴 20～30min。

2. 胶回收酶切产物　对酶切产物进行 1% 琼脂糖凝胶电泳，根据 DNA Marker 位置切下目的条带，收集 pUC19 线性质粒载体和 *EGFP* DNA 片段。操作步骤如下所示（可参照商品试剂盒操作方法）。

（1）将酶切产物，进行 1% 琼脂糖凝胶电泳，100V 下电泳 40～60min。

（2）观察电泳条带，使用小刀切下目的条带，称重。

（3）按质量体积比加入适量 Buffer GDP，55℃水浴 10min 直至凝胶完全溶解。

（4）将溶解之后的凝胶倒入吸附柱中，12 000r/min 离心 1min。

（5）弃滤液，吸附柱中加入 300μL Buffer GDP，静置 1min，12 000r/min 离心 1min。

（6）弃滤液，吸附柱中加入 600μL Buffer GW，12 000r/min 离心 1min。

（7）弃滤液，把吸附柱放回收集管，12 000r/min 离心 1min。

（8）将吸附柱置于无菌 1.5mL 离心管中，加入 15μL Elution Buffer 至吸附柱中心，静置 2min，12 000r/min 离心 1min。

（9）弃吸附柱，留离心管，–20℃保存。

3. 重组质粒的构建　使用 T4 DNA 连接酶将胶回收之后的 pUC19 线性质粒和 *EGFP* DNA 序列进行连接，从而构建 pUC19-EGFP 质粒载体。反应体系 10μL，pUC19 酶切产物为 50ng，参照表 3-15 配制连接反应体系。

表 3-15　连接反应体系

试剂	体积
pUC19 酶切产物（50ng）	X
EGFP DNA	1μL
T4 DNA 连接酶	1μL
10×T4 DNA 连接酶缓冲液	1μL
去离子水	补足体积至 10μL

pUC19 的体积（X）依据质粒的浓度而定，配制完成后，室温连接时间 1h 或试剂参照说明书。

4. 重组质粒的转化　重组质粒 DNA 转化感受态细胞过程，简述如下。

（1）将 5μL 反应产物轻轻加到 50μL DH5α 感受态细胞中，冰上静置 30min。

（2）42℃热激 45～90s，冰浴 5min，然后加入 500μL 不含抗生素 LB 液体培养基，37℃ 200r/min 振荡培养 1h。

（3）取 50μL 菌液，涂布在含 *Amp* 的 LB 固体培养基平板上，37℃培养过夜。

（三）注意事项

1. 引物设计时需要在引物 5′ 端加酶切位点和保护碱基。

2. 严格控制酶切时间，酶切时间过短，空载体可能会没有被切开，酶切时间过长，黏性末端可能会消失。

3. 质粒载体与外源 DNA 片段的摩尔比例为 1∶10～1∶3。

4. 连接后的 DNA 溶液与感受态细胞混合后，一定要在冰浴条件下操作，温度时高时低，转化效率会降低。

5. 转化过程中，42℃热激很关键，转移速度要快，温度要准确。

6. 转化过程要防止杂菌和其他 DNA 的污染，整个操作过程应在无菌条件下进行。

（四）试剂与器材

1. DH5α 感受态细胞　购自商业公司。

2. pcDNA3.1（+）EGFP　购自商业公司。

3. pUC19　购自商业公司。

4. 内切酶（*Hind* Ⅲ和 *Xba* Ⅰ）、T4 DNA 连接酶　购自商业公司。

5. 胶回收试剂盒　购自商业公司。

6. 6×DNA 上样缓冲液　购自商业公司。

7. DNA Marker　购自商业公司。

8. 1% 琼脂糖凝胶配制　参照第三篇-实验一中“三、DNA 琼脂糖凝胶电泳”。

9. 50×TAE 电泳缓冲储存液和 1×TAE 电泳缓冲应用液配制　参照第三篇-实验七。

10. LB 液体培养基、LB 固体培养基和 100mg/mL *Amp* 储液配制　参照第三篇-实验九。

11. 器材　微量分光光度计、电泳仪、水平电泳槽、微波炉、紫外切胶仪、电子天平、超净工作台、恒温摇床、恒温培养箱、水浴锅、制冰机、超纯水机、磁力搅拌器、pH 计、灭菌锅、冰箱、微量移液器及其枪头、计时器、培养皿、离心管等。

（五）示范操作

琼脂糖凝胶的切割；琼脂糖凝胶的配制。

【复习思考题】

1. 进行外源 DNA 与质粒连接反应时，应注意哪些问题？
2. 在重组质粒的构建过程中，如何避免多拷贝插入现象？

【参考文献】

刘箭, 2015. 分子生物学及基因工程实验教程. 3 版. 北京：科学出版社.

王松梅, 潘銮凤, 2023. 细胞与分子生物学实验方法详解. 上海：复旦大学出版社.

实验十一　质粒 DNA 的提取与酶切鉴定

【学习目的要求】

1. 掌握质粒提取的原理。
2. 掌握限制性内切酶进行质粒酶切鉴定的原理。
3. 熟悉应用琼脂糖凝胶电泳进行核酸分离的原理。

【实验教学内容】

（一）实验原理

质粒的提取是常规的分子生物学实验技术。提取质粒的方法很多，大致分为 3 个阶段：①细菌的培养：分离单个菌落，接种到含适量抗生素的培养基中培养。随着细菌的生长，质粒 DNA 也在自主复制。②收集菌体、溶菌：用离心沉降的方法把菌体从培养基中分离出来。溶菌方法很多，如去污剂法、煮沸裂解法、碱变性法、溶菌酶法等。细菌染色体 DNA 与质粒 DNA 的主要差别在于染色体 DNA 为 4.6×10^3kb，而质粒 DNA 一般小于 10kb。在加热或碱性（pH 12.5）条件下，质粒仍为自然状态或不完全变性状态，而大分子量细菌染色体 DNA 则会变性。当冷却或调节 pH 至中性时，质粒 DNA 恢复其原有构型，而染色体 DNA 和蛋白质在去污剂 SDS 的作用下形成沉淀。通过离心，可除去大部分细菌碎片、染色体 DNA、RNA 及蛋白质。③质粒 DNA 的纯化：经碱变性或热变性处理后得到的质粒 DNA 中还含有部分宿主菌 RNA 及一些蛋白质，尚需进一步纯化。纯化的方法一般有 3 种：一是用吸附柱特异吸附质粒 DNA，去除其他成分；二是用 RNA 酶处理，将 RNA 水解，然后用酚、氯仿抽提去除 RNA 酶及蛋白质，乙醇沉淀回收质粒 DNA；三是氯化铯密度梯度离心的方法。目前使用较多的方法是硅胶膜吸附柱吸附法。

限制性核酸内切酶是一类广泛分布在细菌体内，可以识别 DNA 的特异序列，并在识别位点或其周围切割双链 DNA 的核酸内切酶，简称限制性内切酶或限制酶。限制酶中的Ⅱ型酶能在 DNA 双链内部的特异位点（通常为回文序列）识别并切割，故其被广泛用作“分子剪刀”，对 DNA 进行精确切割。如 *Bam*HⅠ在两条链上 5′→3′ 的识别序列均为 G↓GATCC，*Eco*RⅠ在两条链上 5′→3′ 的识别序列均为 G↓AATTC。

质粒的酶切是基因工程操作中的重要步骤。通过特异的限制性核酸内切酶的切割，环形质粒载体转变为带有特异序列末端的线性载体，为与被同样限制性核酸内切酶切割后的线性目的基因片段的连接做好准备。同样，质粒的酶切也是验证重组质粒常用的间接鉴定方法。

pcDNA3.1/myc-His 质粒总长度约为 5.5kb，其中 pcDNA3.1/myc-His A 长度为 5493bp，pcDNA3.1/myc-His B 长度为 5497bp，pcDNA3.1/myc-His C 长度为 5489bp。pcDNA3.1/myc-His 质粒的多克隆位点区有限制性核酸内切酶 *Bam*HⅠ、*Eco*RⅠ等单酶切位点（图 3-11）。*Bam*HⅠ酶切位点位于 920，*Eco*RⅠ酶切位点位于 943。pcDNA3.1/myc-His A-IFT57 质粒为连接了鞭毛内运输蛋白（intraflagellar transport 57，*IFT57*）基因的重组载体，在 *Eco*RⅠ和 *Bam*HⅠ两个酶切位点之间插入了长度为 1293bp（包括 *IFT57* 基因 CDS 的 1287bp 和酶切位点序列 6bp）的 DNA 片段，总长度为 6763bp。

提取的质粒 DNA 在琼脂糖凝胶上通常可呈现 3 条区带，分别是闭合超螺旋、线性和开环构象。它们的分子量都一样，但泳动速度差异较大，超螺旋构象泳动最快，其次是线性构象，最慢的是开环双链质粒。提纯的质粒 DNA 应不含染色体 DNA 和 RNA，正常操作时线性和开环双链质粒 DNA 不超过总量的 5%。质粒酶切后的体系中，线性质粒与目的基因 DNA 片段的大小可通过 DNA Marker 进行判断。因此，可以通过该电泳特征确定质粒的性质及是否被酶切。

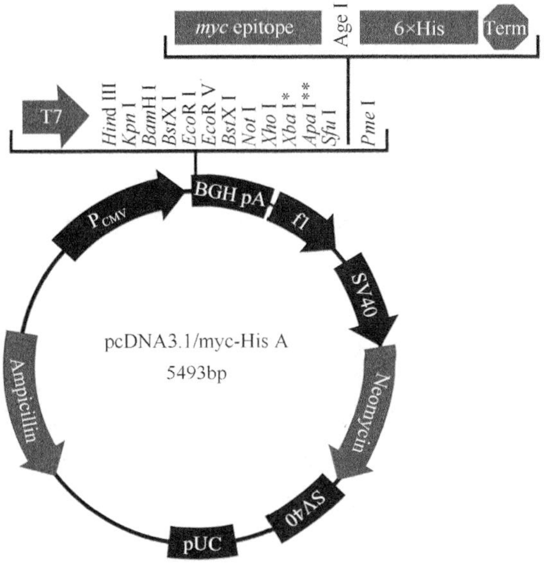

图 3-11　pcDNA3.1/myc-His 质粒图谱

本实验使用试剂盒提取大肠杆菌中的 pcDNA3.1/myc-His-IFT57 质粒，使用 *Bam*H Ⅰ和 *Eco*R Ⅰ双酶切后进行琼脂糖凝胶电泳，判断该质粒是否为重组质粒。

（二）实验操作

1. 质粒提取（按商品试剂盒操作说明）

（1）柱平衡：向吸附柱 CP3 中（吸附柱放入收集管中）加入 500μL 的平衡液 BL，12 000r/min 离心 1min，倒掉收集管中的废液，将吸附柱重新放回收集管中。

（2）吸取 1.5mL 过夜培养的菌液于 1.5mL 离心管中，12 000r/min 离心 1min，弃上清液。重复一次。

（3）加入 250μL 溶液 P1（已加入 RNase A），微量移液器吹打彻底悬浮细菌沉淀。

（4）加入 250μL 溶液 P2，温和地上下翻转 6～8 次使菌体充分裂解（不宜超过 5min）。

（5）加入 350μL 溶液 P3，立即温和地上下翻转 6～8 次。充分混匀，此时将出现白色絮状沉淀。静置 2min，12 000r/min 离心 10min。

（6）将上一步离心后的上清液用移液器转移到吸附柱 CP3 中（吸附柱放入收集管中），注意尽量不要吸到沉淀。12 000r/min 离心 1min，倒掉收集管中的废液，将吸附柱 CP3 放入收集管中。

（7）向吸附柱 CP3 中加入 600μL 漂洗液 PW（已加入无水乙醇），12 000r/min 离心 1min，倒掉收集管中的废液，将吸附柱 CP3 放入收集管中。

（8）重复操作步骤（7）。

（9）12 000r/min 离心 2min，去除吸附柱中残余的漂洗液。

（10）将吸附柱 CP3 置于一个干净的离心管中，打开吸附柱盖子，室温放置 2min。向吸附柱膜的中间部位滴加 60℃预热的洗脱缓冲液 50μL，室温放置 2min，12 000r/min 离心 2min。弃吸附柱，收集质粒 DNA，–20℃储存备用。

2. 质粒双酶切

（1）在一个洁净的 0.2mL 离心管中按下表加入反应物（表 3-16），总体积为 20μL。

（2）离心混匀，放入水浴（或 PCR 仪）37℃酶切 15min。

（3）加入 4μL 6×DNA 上样缓冲液，混匀。

表 3-16　质粒双酶切体系

试剂	体积（μL）
10×FlyCut Buffer	2
质粒 DNA（≤1μg/μL）	5
FlyCut *Bam*H Ⅰ	1
FlyCut *Eco*R Ⅰ	1
去离子水	11

3. 酶切产物琼脂糖凝胶电泳

（1）1% 琼脂糖凝胶配制：参照第三篇-实验一中“三、DNA 琼脂糖凝胶电泳”。

（2）点样：将 10μL 未酶切质粒与 2μL 6×DNA 上样缓冲液混匀，和 12μL 双酶切质粒（已加入 6×DNA 上样缓冲液）及 6μL 1kb DNA Marker 分别在不同孔上样。120V 电泳 50min。

（3）凝胶成像系统/紫外分析仪下观察电泳结果。

（三）注意事项

1. 加入溶液 P1 悬浮细菌沉淀后如果有未彻底混匀的菌块，会影响裂解，导致提取量和纯度偏低。

2. 加入溶液 P2 后应温和地混合，不要剧烈振荡，以免打断染色体 DNA，造成提取的质粒中混有染色体 DNA 片段。此时菌液应变得清亮黏稠，所用时间不应超过 5min，以免质粒受到破坏。如果未变得清亮，可能由于菌体过多，裂解不彻底，应减少菌体量。

3. 加入溶液 P3 后应立即混合，避免产生局部沉淀。如果上清中还有微小白色沉淀，可再次离心后取上清液。

4. 为了增加质粒的回收率，可将得到的质粒溶液重新加入吸附柱中，室温放置 2min，12 000r/min 离心 2min，再次将质粒溶液收集到离心管中。

（四）试剂与器材

1. pcDNA3.1/myc-His-IFT57 质粒。

2. 质粒小提试剂盒　购自商业公司。

3. FlyCut *Bam*H Ⅰ　购自商业公司。

4. FlyCut *Eco*R Ⅰ　购自商业公司。

5. 去离子水　购自商业公司。

6. 6×DNA 上样缓冲液　购自商业公司。

7. 50×TAE 电泳缓冲储存液和 1×TAE 电泳缓冲应用液配制　参照第三篇-实验七。

8. 琼脂糖　购自商业公司。

9. 1kb DNA Marker　购自商业公司。

10. 器材　凝胶成像系统/紫外分析仪、微量核酸蛋白定量仪、PCR 扩增仪、电泳仪、离心机、恒温水浴锅、振荡器、天平、锥形瓶、量筒、移液器及其吸头、离心管等。

（五）示范操作

微量核酸蛋白定量仪的使用。

（六）设计型实验

已知 pBR322 质粒总长度为 4361bp，其上有 *Bam*H Ⅰ、*Eco*R Ⅰ、*Sal* Ⅰ等内切酶的单酶切位点（*Bam*H Ⅰ酶切位点位于 375，*Eco*R Ⅰ酶切位点位于 4359，*Sal* Ⅰ酶切位点位于 651）。请设计总体积为 20μL 的 *Bam*H Ⅰ、*Eco*R Ⅰ、*Sal* Ⅰ三酶切 pBR322 质粒的反应体系并预测酶切后的电泳结果。

【课堂作业】

记录实验结果，书写实验报告。

【复习思考题】

1. 开环的质粒 DNA 与闭环质粒 DNA 在琼糖凝胶电泳时哪个走在前面？为什么？

2. 限制性核酸内切酶的星号活性是什么？如何避免酶切过程中的星号活性？

3. 有时候双酶切的泳道中有 3 个条带，除了目的基因和质粒片段外，还有一条与线性质粒位置相当，试分析原因。

【参考文献】

金科华, 刘洁, 2015. 质粒抽提策略对双酶切鉴定的影响. 山西医科大学学报, 46(6): 559-561.

实验十二　人 *p16* 基因 PCR 扩增产物的 TA 克隆

【学习目的要求】

1. 掌握 PCR 产物 TA 克隆方法的基本原理。
2. 熟悉 PCR 产物 TA 克隆方法的基本操作。
3. 了解 PCR 产物克隆的方法。

【实验教学内容】

（一）实验原理

PCR 产物重组克隆大致分为 2 类，即平端连接和黏端连接。平端连接是将制备好的平端载体和补平或削平的 PCR 产物直接进行连接。平端连接的连接效率低下。黏端连接大致可分为 2 类，一类黏端连接是使载体和 PCR 产物带有可互补的黏性末端。最普遍的方法是在引物的 5′ 端加入一段某种限制酶的识别序列。如果两条引物选用不同的限制性内切酶识别序列，就可以做到定向连接。另一类方法基于 *Taq* 酶扩增的 PCR 产物 3′ 端自动带有一个凸出的 A 碱基的特性，与带有突出的 T 碱基的 TA 克隆载体进行连接，这种方法称为 TA 克隆，其连接效率比平端连接高 50～100 倍。

本实验首先使用基因组 DNA 小量试剂盒提取海拉（HeLa）细胞基因组 DNA，以 HeLa 细胞基因组 DNA 为模板使用 *Taq* 酶对 *p16* 基因扩增，然后用 TA 克隆方法将人 *p16* 基因扩增片段克隆到 *pEASY*-T1 载体（图 3-12）中，为转化感受态细菌做准备。

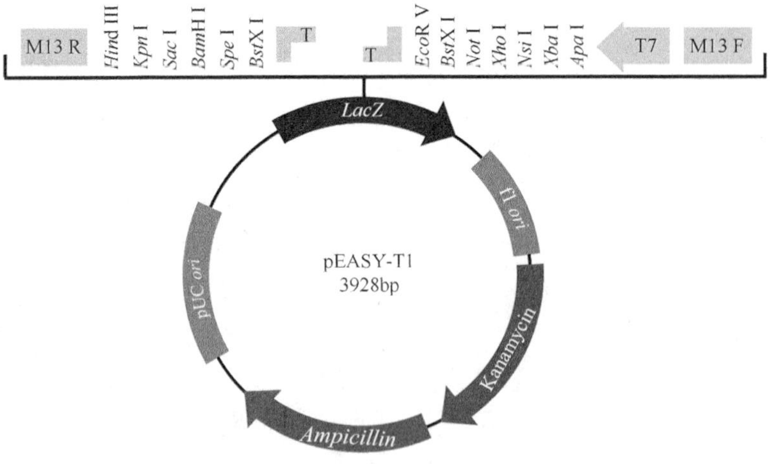

图 3-12　pEASY-T1 载体结构图

（二）实验操作

1. HeLa 细胞的基因组 DNA 提取［参照第三篇-实验一“二、血液/细胞/组织基因组 DNA 的提取（离心柱法）”］。

2. 人 *p16* 基因的 PCR 扩增

（1）*p16* 基因 PCR 反应体系：取 2 个 0.2mL 离心管，编号后（A 为实验组，B 为阴性对照组）依次加入下列试剂，总体积 20μL（表 3-17）。

表 3-17 *p16* 基因 PCR 反应体系

试剂	A（μL）	B（μL）
2×EasyTaq PCR SuperMix (-dye)	10.0	10.0
基因组 DNA	1.0	—
去离子水	—	1.0
p16 基因上游引物	0.4	0.4
p16 基因下游引物	0.4	0.4
去离子水	8.2	8.2

总体积 20μL，2 个离心管混匀后短暂离心。

（2）PCR 反应程序：PCR 反应循环参数：94℃预变性 3min；94℃变性 20s，58℃退火 20s，72℃延伸 20s，30 个循环；72℃延伸 5min，4℃保存。

（3）琼脂糖凝胶电泳检测：制备 2% 琼脂糖凝胶，2 个离心管分别取 5μL PCR 产物与 1μL 6×DNA 上样缓冲液混匀后上样，以 3μL 100bp DNA Marker 为参照。凝胶成像系统/紫外分析仪下拍照，分析电泳结果。

3. 人 *p16* 基因 PCR 扩增产物的 TA 克隆

（1）将 pEASY-T1 载体在冰上融化，短暂离心装有载体的离心管。

（2）在 0.2mL 离心管中加入 4μL 人 *p16* 基因 PCR 产物和 1μL pEASY-T1 载体溶液，轻轻弹击离心管以混合内容物，室温放置 5min 后置于冰上待转化感受态细菌。

（三）注意事项

1. HeLa 细胞基因组 DNA 也可用其他人来源的基因组 DNA 替代，如口腔拭子来源的基因组 DNA。

2. 连接过程的最佳反应温度为 25℃，若扩增片段是高 GC 结构，可以 37℃反应。

3. 反应时间不能超过 30min。

4. 总反应体积不能超过 5μL。

5. 尽量用新鲜的 PCR 产物。由于 3′-A 热力学不稳定，产物应放置在 4℃，并在 1～2 天内完成克隆反应。

（四）试剂与器材

1. 培养的 HeLa 细胞。

2. 基因组 DNA 小量试剂盒 购自商业公司。

3. 2×EasyTaq PCR SuperMix 购自商业公司。

4. 去离子水 购自商业公司。

5. 6×DNA 上样缓冲液 购自商业公司。

6. 100bp DNA Marker 购自商业公司。

7. pEASY-T1 克隆试剂盒 购自商业公司。

8. 人 *p16* 基因 PCR 引物，扩增产物为 141bp，序列如下：

上游：5′-CAGAGGGTGGGGCGGACCGC-3′

下游：5′-CGGGCCGCGGCCGTGG-3′

9. 琼脂糖 购自商业公司。

10. 1×TAE 电泳缓冲应用液 参照第三篇-实验七。

11. 器材 细胞培养箱、净化工作台、凝胶成像系统/紫外分析仪、PCR 扩增仪、电泳仪、离心机、恒温水浴锅、振荡器、天平、锥形瓶、量筒、移液器及其吸头、离心管等。

（五）示范操作

凝胶成像系统的使用。

（六）设计型实验

如果一个大约2kb的PCR产物需要进行TA克隆，需要如何进行？（提示：2kb的PCR产物不宜使用普通*Taq*酶，因为可能会得到有突变的PCR产物）。

【课堂作业】

记录实验结果，书写实验报告。

【复习思考题】

1. 如果只有环状载体，请说明如何在环状载体的基础上制备T载体。
2. 应用于TA克隆的PCR产物应满足什么条件？扩增该PCR产物过程中对DNA聚合酶有什么要求？

【参考文献】

许艺珊, 何晶晶, 陈婉娟, 等, 2015. TA克隆技术的原理与应用. 科技展望, (6): 89-90.

杨文丽, 丁博, 王俊斌, 等, 2011. TA载体pEASY-T1 Simple在基因克隆中的新应用. 天津农学院学报, 18(2): 13-15, 19, 封2.

第四篇　创新设计实验

实验一　lentiCRISPR-v2 UFL1 重组质粒构建与 PCR 验证

【学习目的要求】

1. 掌握 CRISPR/Cas9 基因编辑技术的基本原理；掌握特定目的基因 sgRNA 的设计。

2. 熟悉 CRISPR/Cas9 基因编辑技术的基本流程；熟悉 CRISPR/Cas9 基因编辑技术重组质粒的初步验证。

3. 熟悉重组质粒的转化和细菌培养。

【实验教学内容】

（一）实验原理

成簇规律间隔短回文重复（clustered regularly interspaced short palindromic repeat，CRISPR）是一种来自细菌降解入侵的病毒 DNA 或其他外源 DNA 的免疫机制。

Cas9 蛋白含有两个核酸酶结构域，可以分别切割 DNA 两条单链。Cas9 首先与 CRISPR RNA（crRNA）及反式激活 crRNA（tracrRNA）结合成复合物，然后通过 PAM 序列结合并侵入 DNA，形成 RNA-DNA 复合结构，进而对目的 DNA 双链进行切割，使 DNA 双链断裂。优化后的 CRISPR/Cas 系统仅包括 2 个元素：Cas9 蛋白和 sgRNA。CRISPR/Cas9 通过对预设的 DNA 位点进行切割，造成 DNA 双链断裂。细胞内的修复机制随即启动，非同源末端连接途径非常容易发生错误，导致修复后发生碱基的缺失或插入，从而造成移码突变，最终达到基因敲除的目的。sgRNA 由 20nt 的靶向序列、crRNA、linker loop 和 tracrRNA 几个部分共同组成。通常所说的 sgRNA 指的是 20nt 的靶向序列。CRISPR/Cas9 基因编辑原理如图 4-1 所示。

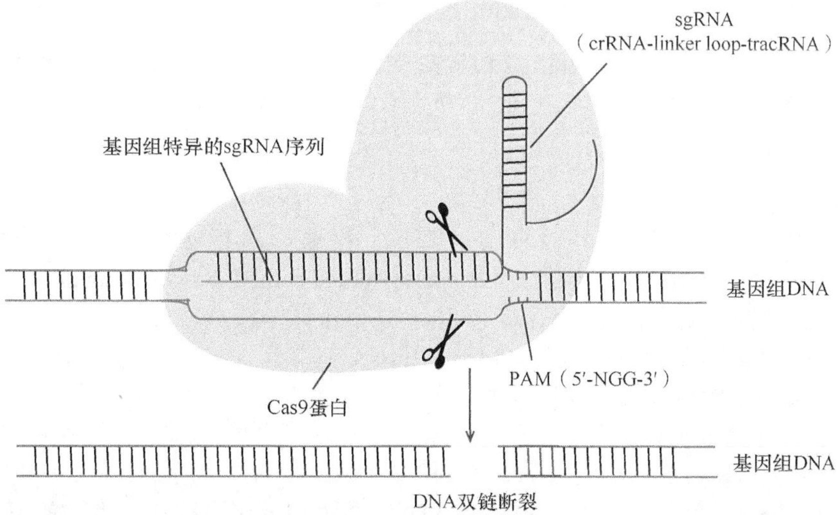

图 4-1　CRISPR/Cas9 基因编辑原理

lentiCRISPR-v2 puro 载体是用来构建基因敲除的一个常用的慢病毒载体，其图谱如图 4-2 所示。Cas9 和 sgRNA 表达框在同一个载体上。载体含 Puromycin 抗性基因，适合建系。使用 *Bsm*B Ⅰ酶切位点克隆 sgRNA，可以切出一个大约 1.9kb 的 filler 片段，可以用琼脂糖凝胶电泳证实酶切成功并进行载体回收。

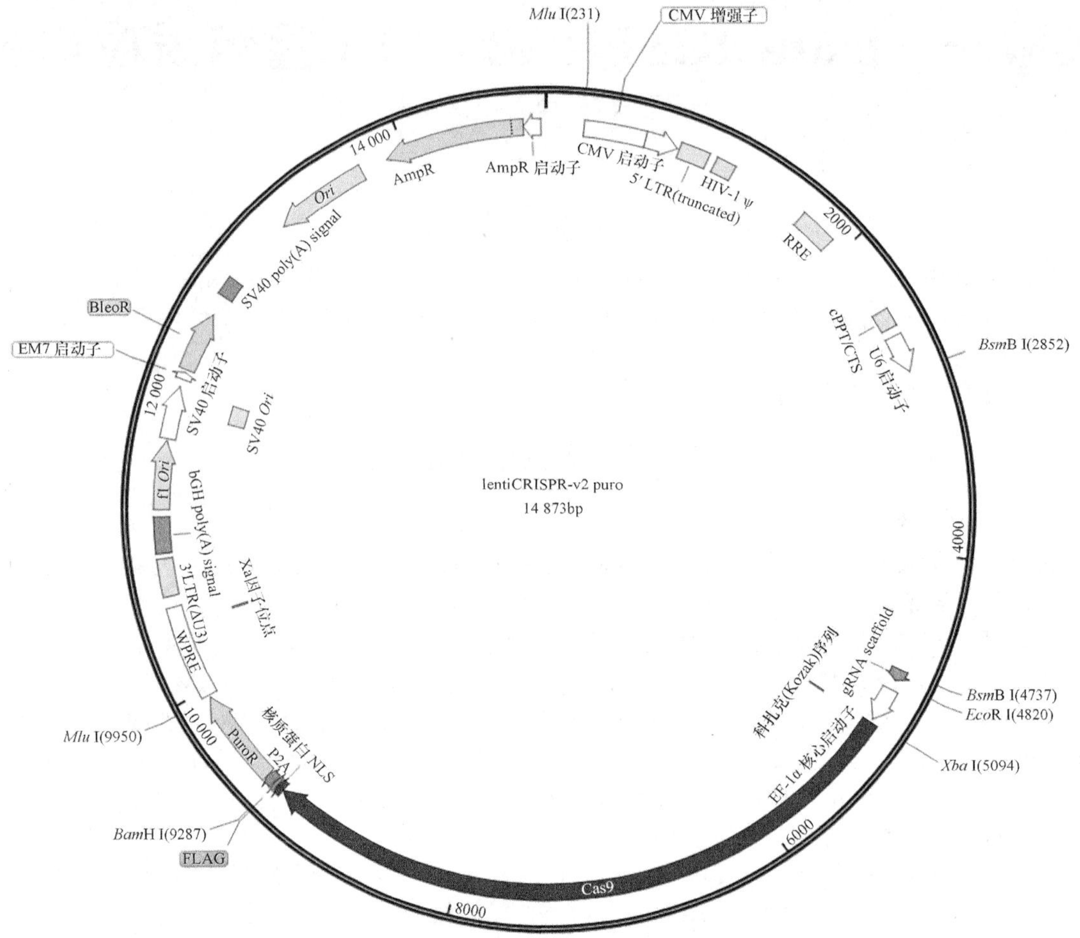

图 4-2　lentiCRISPR-v2 puro 质粒图谱

本实验通过将 lentiCRISPR-v2 puro 质粒的酶切产物和针对 *UFL1* 基因的 sgRNA 的连接构建 lentiCRISPR-v2 UFL1 重组质粒，然后用 PCR 方法验证重组质粒是否构建成功。

（二）实验操作

1. sgRNA 设计

（1）在 NCBI 网站下载 *UFL1* 基因的 DNA 序列，根据 CDS 标注得到各外显子的序列。可依次将各外显子序列放入 sgRNA 设计网站（https://sg.idtdna.com/site/order/designtool/index/CRISPR_CUSTOM）序列框中，也可将多个外显子一起（每个外显子在不同行）放入序列框中，以 on-target 和 off-target 得分都较高的序列作为自己的 sgRNA。

（2）为了和酶切后的 lentiCRISPR-v2 质粒连接，还需要写出该 sgRNA 的反向互补序列，并在 sgRNA 序列的 5′ 端添加 CACCG，在 sgRNA 反向互补序列的 5′ 端添加 AAAC，在 3′ 端添加 C。如网站给出的 sgRNA 序列为 5′-GAAGTAGTTC ATACACTCGA-3′，首先写出其反向互补序列 5′-TCGAGTGTATGAACTACTTC-3′，然后得到 oligo1：5′-CACCGGAAGTAGTTCATACACTCGA-3′，oligo2：5′-AAACTCGAGTGTATGAACTACTTCC-3′。它们的退火产物可以和酶切后胶回收的

lentiCRISPR-v2 质粒连接形成含有 sgRNA 的重组质粒。

oligo1 和 oligo2 由公司合成，用无核酶水稀释为 100μmol/L。

2. lentiCRISPR-v2 质粒酶切　按表 4-1 配制酶切体系，总体积为 20μL。lentiCRISPR-v2 质粒的量为 1.6μg 左右。

表 4-1　lentiCRISPR-v2 质粒酶切体系

试剂	体积
lentiCRISPR-v2（约 1.6μg）	XμL
*Esp*3 Ⅰ（*Bsm*B Ⅰ）	2.0μL
FastAP	1.0μL
10×Buffer Tango	2.0μL
100mmol/L DTT	0.2μL
去离子水	补足体积至 20μL

在 PCR 仪或恒温水浴锅 37℃酶切 60min。

3. lentiCRISPR-v2 质粒酶切产物电泳　配制 1% 琼脂糖凝胶，将 20μL 质粒酶切产物与 4μL 的 6×DNA 上样缓冲液混匀，全部上样。以 6μL 的分子量为 15 000Da 的 DNA Marker 作为参照。120V 电泳 30min。在紫外分析仪下观察酶切产物电泳后是否分别在 1.9kb 和超过 10kb 处有条带。将超过 10kb 的凝胶条带切下，放入已称重的 1.5mL 离心管中，再次称重。

4. 胶回收（参照商业公司试剂盒操作说明）

（1）根据凝胶重量，加入 3 倍体积的溶胶液 PE 溶液（如凝胶重为 0.1g，其体积可视为 100μL，则加入 300μL 溶胶液 PE 溶液）。

（2）金属浴 50℃加热溶胶 5～10min，胶块完全溶解后将溶液温度降至室温再上柱，因为吸附柱在室温时结合 DNA 的能力较强。

（3）将上一步所得溶液加入一个吸附柱 CA5 中（吸附柱放入收集管中），室温放置 2min。

（4）12 000r/min 离心 1min，倒掉收集管中的废液，将吸附柱 CA5 放入收集管中。

注意：吸附柱容积为 800μL，若样品体积大于 800μL 可分批加入。

（5）向吸附柱 CA5 中加入 600μL 漂洗液 PW（使用前请先检查是否已加入无水乙醇），12 000r/min 离心 1min，倒掉收集管中的废液，将吸附柱 CA5 放入收集管中。

（6）重复操作步骤（5）。

（7）12 000r/min 离心 2min，尽量除尽漂洗液。将吸附柱 CA5 开盖放置 2min，彻底地晾干，以防止残留的漂洗液影响下一步的实验。

（8）将吸附柱 CA5 放到一个干净离心管中，向吸附膜中间位置悬空滴加 15μL 预热为 60℃的洗脱缓冲液 TB，室温放置 2min。12 000r/min 离心 2min 收集 DNA 溶液。–20℃储存。

注意：为了提高 DNA 的回收量，可将离心得到的溶液重新加回离心吸附柱中，室温放置 2min，12 000r/min 离心 2min，将 DNA 溶液收集到离心管中。

（9）使用微量核酸蛋白定量仪对胶回收的质粒 DNA 定量。

5. oligo 退火　按表 4-2 对前面合成的 oligo 退火，总体积 10μL。

表 4-2　oligo 退火体系

试剂	体积（μL）
oligo1（100μmol/L）	1.0
oligo2（100μmol/L）	1.0
10×T4 连接酶缓冲液	1.0

续表

试剂	体积（μL）
T4 PNK	0.5
去离子水	6.5

混匀后短暂离心，放入 PCR 仪。反应条件：① 37℃ 30min；② 95℃ 5min，5℃/min 降到 25℃。

6. oligo 双链稀释 将上一步退火后的 oligo 双链用去离子水以 1∶200 稀释。

7. 连接 按表 4-3 配制连接体系，其中胶回收质粒的量为 50ng。室温下连接 5min。

表 4-3 重组质粒连接体系

试剂	体积
胶回收质粒（50ng）	XμL
稀释后的 oligo 双链	1.0μL
2×Quick 连接酶缓冲液	5.0μL
Quick 连接酶	1.0μL
去离子水	补足体积至 11μL

8. 转化

（1）从 –80℃冰箱中拿出感受态细胞，冰上解冻。

（2）将连接好的体系加到 50μL 的感受态细胞中（将连接体系加入液面以下，轻弹管子，不要用枪吹打或剧烈晃动！），冰上静置 30min。提前打开金属浴，调到 42℃。

（3）42℃热激 45s。注意：尽量不要晃动管子！

（4）冰上放置 2min。

（5）加入 500μL 不含氨苄的培养基，37℃，180r/min，摇菌 45min。

9. 涂板

（1）摇菌时在 37℃预热提前配制好的 SOC 固体培养基。

（2）转化后的感受态细胞 5000r/min 离心 4min，弃上清液，留下 100μL 左右培养基。

（3）涂布棒酒精灯上烧灼消毒，放置备用。

（4）用移液器轻轻吹打重悬感受态细胞后，全部加到 SOC 固体培养基上，用放凉的涂布棒将细胞均匀涂开。

（5）将平板置于室温直至液体被吸收，倒置平板，37℃培养 12～16h，观察结果。

10. PCR 验证

（1）在摇菌管中加入含有氨苄的 5mL 液体培养基，用 10μL 枪头挑取培养板上单个菌落后打入摇菌管中。

（2）37℃ 180r/min，摇菌 12～16h。

（3）取 2mL 菌液进行质粒提取（见第三篇-实验十一）。

（4）按表 4-4 配制 PCR 验证体系，总体积 20μL。

表 4-4 PCR 验证体系

试剂	体积（μL）
2×EasyTaq PCR SuperMix	10.0
质粒	1.0
U6P	0.4

续表

试剂	体积（μL）
oligo2	0.4
去离子水	8.2

PCR 反应循环参数：94℃预变性 3min；94℃变性 20s，55℃退火 20s，72℃延伸 20s，25 个循环；72℃延伸 5min，4℃保存。

（5）配制 2% 琼脂糖凝胶，5μL PCR 产物上样，以 3μL 100bp DNA Marker 为参照。凝胶成像系统/紫外分析仪下拍照。

（三）注意事项

质粒也可以使用 lentiCRISPR-v2 GFP，操作相同。如果使用 PX458 或 PX459，内切酶需换为 *Bbs* Ⅰ，PCR 验证的正向引物需换为 U6P：5′-GAGGGCCTATTTCCCATGA-3′，其他操作相同。

（四）试剂与器材

1. lentiCRISPR-v2 质粒 商业公司购买。

2. oligo1：5′-CACCGGAAGTAGTTCATACACTCGA-3′，oligo2：5′-AAACTCGAGTGTATGAACTACTTCC-3′，lentiCRISPR-v2-U6P：5′-CAGTGCAGGGGAAAGAATAGTAGAC-3′。

3. *Esp* 3I（*Bsm*B Ⅰ） 购自商业公司。

4. FastAP 购自商业公司。

5. 100mmol/L DTT 购自商业公司。

6. 去离子水 购自商业公司。

7. 琼脂糖 购自商业公司。

8. 50×TAE 电泳缓冲储存液和 1×TAE 电泳缓冲应用液配制 参照第三篇-实验七。

9. 6×DNA 上样缓冲液 购自商业公司。

10. D15 000 DNA Marker 标准 购自商业公司。

11. Gsafe red plus 购自商业公司。

12. 琼脂糖凝胶 DNA 回收试剂盒 购自商业公司。

13. 10×T4 连接酶缓冲液 购自商业公司。

14. T4 PNK 购自商业公司。

15. Quick 连接酶 购自商业公司。

16. Trans5α Chemically Competent Cell 购自商业公司。

17. SOC 固体培养基（干粉） 购自商业公司。

18. 氨苄青霉素 购自商业公司。

19. 高纯度质粒小提试剂盒 购自商业公司。

20. 2×EasyTaq PCR SuperMix 购自商业公司。

21. 100bp DNA Marker 购自商业公司。

22. 器材 –80℃冰箱、凝胶成像系统/紫外分析仪、PCR 扩增仪、电泳仪、离心机、恒温水浴锅、金属浴、摇床、细菌培养振荡器、天平、锥形瓶、量筒、细胞培养皿、摇菌管、移液器及其吸头、离心管等。

（五）示范操作

微量核酸蛋白定量仪的使用。

（六）设计型实验

请针对 *p53* 基因设计 sgRNA，详细描述构建 lentiCRISPR-v2 p53 重组质粒过程。

【课堂作业】

记录实验结果，书写实验报告。

【复习思考题】

在使用 PX458 或 PX459 质粒时，①为什么内切酶需换为 *Bbs* I，但 oligo1 和 oligo2 还可以使用？②为什么 PCR 验证的正向引物需要改变？

【参考文献】

罗洪, 陈美桦, 王林旭, 等, 2023. 基于 CRISPR/Cas9 系统建立 DNA 结合抑制因子 3 基因敲除人皮肤成纤维细胞系. 军事医学, 47(7): 493-499.

实验二　绿色荧光蛋白诱导表达、亲和分离及免疫印迹检测

【学习目的要求】

1. 掌握原核表达质粒的诱导表达、目的蛋白亲和层析及免疫印迹的原理。
2. 熟悉原核表达质粒的诱导表达、蛋白亲和纯化及免疫印迹的实验操作。
3. 了解外源基因表达调控及蛋白质分离鉴定的应用。

【实验教学内容】

（一）实验原理

本项目包括 IPTG 诱导表达 His6-GFP（6× 组氨酸标签的绿色荧光蛋白）融合蛋白，镍离子亲和层析柱分离融合蛋白，用 GFP 或 6×His-Tag 抗体开展蛋白质印迹法（Western blotting）检测融合蛋白的表达水平。主要步骤的实验原理如下所示：

1. 在没有乳糖存在时，阻遏蛋白与操纵基因 O 结合，阻碍 RNA 聚合酶与 P 序列结合，*Lac* 操纵子处于阻遏状态，目的基因转录被抑制。而当有诱导剂（如 IPTG）存在时，诱导剂可与阻遏蛋白结合，使阻遏蛋白构象发生变化，导致阻遏物无法与操纵基因 O 结合，RNA 聚合酶不受阻碍，启动子 P 可启动目的基因转录（图 4-3）。

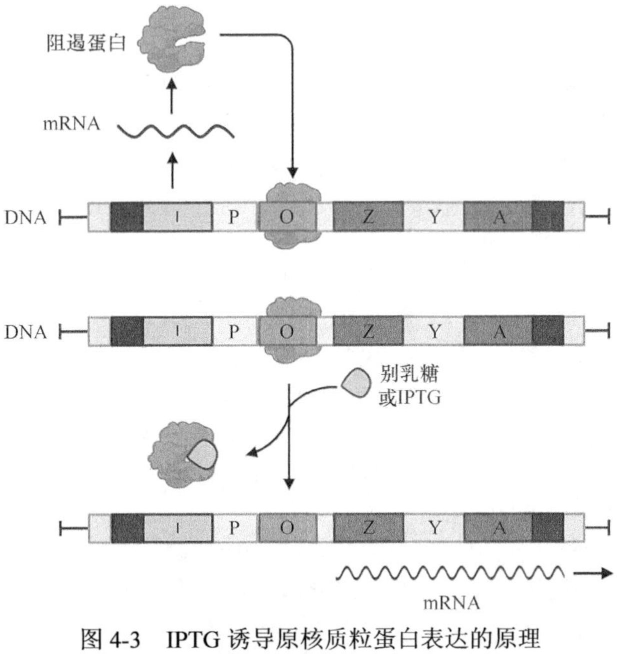

图 4-3　IPTG 诱导原核质粒蛋白表达的原理

2. 固定化金属离子亲和层析（immobilized metal ion affinity chromatography，IMAC）简称金属螯合亲和层析。该方法通过蛋白质表面的一些特殊的氨基酸，使之与金属离子发生相互作用，从而对蛋白质进行亲和纯化。本项目中采用 Ni^{2+}（镍离子）固定到层析柱上，Ni^{2+} 能够特异性吸附带有 6×His 标签的 His6-GFP 融合蛋白，从而与其他蛋白质分离。吸附的融合蛋白可以通过洗脱液中的咪唑将其交换，从而实现从亲和柱中洗脱分离（图 4-4）。

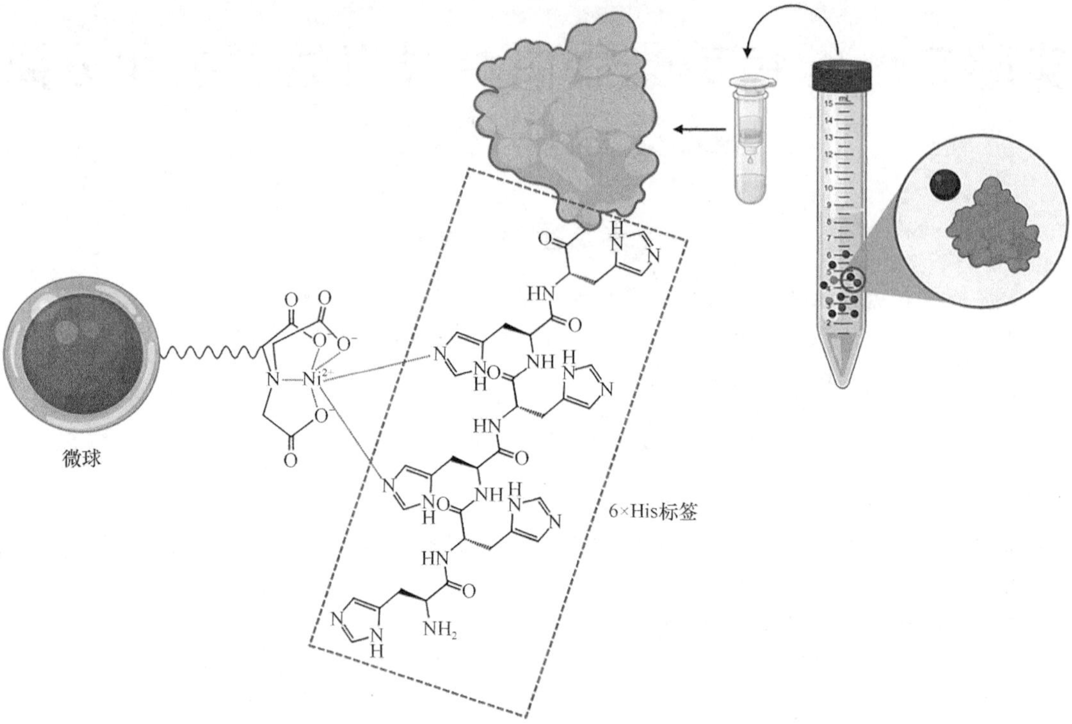

图 4-4 镍离子螯合亲和层析

3. 蛋白质电泳和蛋白质印迹法鉴定 见第一篇-第二章（第四节及第六节）。

（二）实验操作

本实验包括蛋白诱导表达、镍柱亲和纯化及蛋白免疫印迹三部分内容，具体操作内容如下。

1. 绿色荧光蛋白诱导表达（IPTG 法）

（1）His6-GFP 标签质粒转化（参考第三篇-实验十）。

（2）挑取表达 His6-GFP 标签重组蛋白的单克隆，接种到 5mL 含 50mg/L 卡那霉素的 LB 培养液中，37℃培养过夜，获得种子菌。

（3）取 2.5mL 种子菌液接种到 40mL 预热至 37℃的 LB 培养液中，加入 42.5μL 卡那霉素。

（4）37℃常规培养约 60min，至菌液的 OD_{600} 达到 0.5～0.7。

（5）加入 0.5mL IPTG（终浓度为 1mmol/L，1∶100 稀释），继续培养 6h。

（6）4℃条件下 4000r/min 离心 20min，弃上清液，收集沉淀。

（7）鉴定正确的菌体经 IPTG 诱导表达后，荧光显微镜下可以看到菌体发出强烈的绿色荧光，表明基因成功表达。可取适量菌体在紫外线灯下观察拍照。

2. His6-GFP 蛋白的镍柱亲和纯化

（1）取第一部分中步骤 5 收集的沉淀，按每克细菌湿重加入 4mL 非变性裂解液（裂解液中可加入蛋白酶抑制剂），将细菌沉淀充分重悬于裂解液中，可进行轻微涡旋。

（2）加入 40μL 溶菌酶（终浓度 1mg/mL），并轻轻混匀，涡旋数下，尽量避免产生气泡，冰上放置 30min。

（3）冰上超声裂解。超声功率 200～300W，每次 10s，间隔 10s，重复 6 次。

（4）4℃离心（15 000r/min，10min），取 20μL 上清液留样作后续检测用，收集余下上清至一新的洁净离心管中，备用（上清必须澄清才能用于后续实验）。

（5）取 1mL 混合均匀的 50% His-tag Purification Resin 装柱，待完全沉淀后用 0.5mL 裂解液平衡纯化柱 2～3 次。

（6）取步骤 4 中收集的上清液上柱，可收集穿流液重复上柱以充分结合 His 标签蛋白。

（7）用 0.5mL 非变性洗涤液洗柱，重复 4 次。

（8）用 0.5mL 非变性洗脱液洗脱，重复 6～10 次，收集洗脱液即为纯化的 His 标签蛋白样品。

（9）步骤 7 和 8 可每次洗涤或洗脱时收集少量液体用于蛋白浓度检测。

3. Western blotting 检测

（1）SDS-PAGE 凝胶电泳：电泳包括凝胶的制备、上样、电泳。向电泳槽中加入电泳缓冲液，使两块玻璃内侧电泳液高于上样孔，外侧电泳槽内电泳液浸没凝胶底部。玻璃板内侧液面高于外侧。分离胶与浓缩胶的配制见第二篇-实验三。

（2）上样：用 BCA 试剂盒测定此前镍柱纯化蛋白的浓度，加入上样缓冲液，沸水煮 8～10min，冷却，上样。保证每孔总蛋白量在 30～50μg，总上样量小于 30μL，上样时间尽量短，避免样品扩散。

（3）上样完毕，盖好电泳槽的盖子，连接电源，选择适当的电压进行电泳。通常在不连续的系统中，浓缩胶的电泳电压（60～80V）要低于分离胶电泳电压，以达到更好的浓缩效果，使样品进入分离胶时被压缩在同一水平线上。电泳直至溴酚蓝染料前沿下至凝胶末端处停止电泳，电泳时间 1～2h。

（4）转膜：电泳结束后取出凝胶，在转膜缓冲液中漂洗数秒。按“三明治”模式，打开电转印夹，每侧垫上一块转膜液预先浸泡的海绵垫和转移垫（3 层定性滤纸），将凝胶平放在阴极侧滤纸上，最后将转膜液浸透 PVDF 膜平放在凝胶上，除去气泡，夹好电转印夹，注意 PVDF 膜与胶，PVDF 膜与滤纸，滤纸与胶之间不可有气泡。转印槽加满转膜缓冲液，而后置于装有碎冰的泡沫盒中确保转膜过程低温进行。PVDF 膜最靠近正极，凝胶向膜转印。250mA 转膜约 1.5h。转完后将膜放入装水的小盒中冲洗，加 5% BSA，置摇床上室温封闭 2h。

（5）回收封闭液，加入内参 β-actin（鼠单抗，1∶2000 稀释）或 GFP 一抗（鼠单抗，1∶1000 稀释），置摇床上 4℃孵育过夜。

（6）一抗孵育：按前述浓度配制一抗稀释液，与膜进行孵育，一抗会与膜上目的蛋白进行特异性结合。

（7）一抗孵育结束后，洗涤液洗 3 次，每次 5min。而后与抗鼠二抗（1∶5000）进行孵育结合。二抗带 HRP 或 AP 标记。

（8）二抗回收：用 PBST 洗 5 次，每次 5min。

（9）化学发光显影，曝光/成像：配制 ECL 化学发光显影液，PVDF 膜在显影液中浸泡 2～3min，成像。使用化学发光仪曝光成像后，保存图片，转换数据进行分析。

4. 结果计算　获得的蛋白质印迹法条带可用图像分析软件 ImageJ 或 Image-Pro Plus 等进行半定量分析，从而检测目的蛋白的表达效率。

（三）临床意义

基因的诱导表达、蛋白质纯化与表达鉴定在生物医学中有广泛应用，对于基因功能研究和生物药物的开发具有重要价值。目前临床上的很多单抗药物（如抗 PD-L1 抗体、抗 TNF-α 抗体等）的发现、生产及质量评价等各环节都与本项目的内容有较强的关联性，通过本实验的学习有助于加强对基因表达调控、生物药物临床应用等的认识。

（四）注意事项

1. 首次实验可以设置 IPTG 的梯度诱导浓度和时间，寻找最佳条件。

2. 镍柱纯化后的蛋白浓度如果较低，可以进行浓缩操作。

3. Western blotting 实验中应注意配制浓缩胶和分离胶时要凝固充分，制作转膜体系时要注意滤纸、凝胶和 PVDF 膜的顺序，电泳和转膜时要注意电流方向。

4. 由于本实验项目耗时较长，在实验前要制定好详细的计划，以免延误时间。

（五）试剂与器材

1. IPTG（100mmol/L 贮存液） 称取 IPTG 2.38g，用去离子水充分溶解后定容至 10mL，0.22μm 滤膜过滤除菌，分装成小份，–20℃冰箱贮存备用。

2. 50mg/mL 卡那霉素 称取 2.5g 卡那霉素置于塑料离心管中，加入 40mL 去离子水充分溶解后定容至 50mL，0.22μm 滤膜过滤除菌，分装成小份，–20℃冰箱储存备用。临用时稀释 1000 倍。

3. 细菌裂解液 体系见表 4-5。

表 4-5 细菌裂解液配制体系

试剂	浓度
缓冲液 Tris-HCl（pH 8.0）	50mmol/L
蛋白酶抑制剂 PMSF	1mmol/L
表面活性剂 Triton X-100	0.1%

4. 50mg/mL 溶菌酶。

5. 镍柱蛋白纯化系统试剂盒 购自商业公司。

6. BCA 蛋白定量试剂盒 购自商业公司。

7. SDS-PAGE 凝胶电泳相关试剂 见第二篇-实验三。

8. 转膜缓冲液（湿转） 配制体系见表 4-6。

表 4-6 转膜缓冲液（湿转）配制体系

试剂	浓度
Tris base	25mmol/L
甘氨酸	1mmol/L
甲醇	200mL
充分溶解后，用去离子水将体积补足至 1000mL	

9. β-actin 及 GFP 一抗（鼠抗） 购自商业公司。

10. HRP 标记的抗鼠二抗 购自商业公司。

11. 显影液/定影液 购自商业公司。

12. 洗膜缓冲液配制 吸取 1mL Tween-20 加入 999mL 的 PBS 溶液中，制得含 0.1% Tween-20 的 PBST 溶液 1000mL。

13. 封闭液配制 称取 2.5g 的 BSA 或脱脂奶粉，加入 50mL 的 PBST 溶液充分溶解混匀，制得 5% BSA 或 5% 脱脂奶粉作为封闭液。

14. 抗体配制 用封闭液或者商品化的一抗二抗配制液按说明书要求稀释一抗和二抗至指定倍数待用。

15. LB 液体培养基、LB 固体培养基配制 参考第三篇-实验九。

16. 器材 恒温摇床、37℃细菌培养箱、高压灭菌锅、低温离心机、超声破碎仪、酶标仪、电泳/转膜系统、化学发光成像系统或胶片冲洗显影机、微量移液器、细菌培养板、离心管、锥形瓶、滤纸、PVDF 膜等。

【课堂作业】

记录实验结果，书写实验报告。

【复习思考题】

1. 在本实验中，除了用蛋白质印迹法检测蛋白表达结果，还有哪些方法可以检测?
2. 查阅文献，讨论原核表达系统与真核表达系统在蛋白表达效率及分离纯化中的异同。

【参考文献】

R. R. 伯吉斯, M. P. 多伊彻, 2013. 蛋白质纯化指南（原书第二版）. 陈薇, 主译. 北京：科学出版社.

第五篇　虚拟仿真实验项目

实验一　生物大分子分离纯化综合设计虚拟仿真实验

【实验简介】

实验链接：https://www.ilab-x.com/details/page?id=302&isView=true。

项目级别：国家级一流课程。

项目作者：华中科技大学　余龙江团队。

生物大分子包括蛋白质、核酸、多糖等，生物大分子通常由许多单体（如氨基酸、核苷酸、单糖等）通过共价键结合而成，每一个单体都是由若干相连的碳原子为基本骨架。其种类繁多，每种大分子在结构和功能上都有特异性，能够执行特定的生物功能。许多生物大分子是水溶性的，这使得它们能够在细胞内部和细胞外环境中进行运输和交换。同时它们的结构决定了它们的生物活性。这些分子不仅在结构上复杂，还具有高度的功能性和调控能力，能够参与到生物体内各种重要的生物过程中。

本项目涉及蛋白质等生物大分子分离纯化，是培养学生生命科学研究能力的关键内容。通过将复杂实验技术碎片化成诸多独立模块单元，学生可自由拖拽、任意组合各模块，设计自己的纯化方案和具体条件参数，只有设计过关才能进行虚拟实验。这种先虚拟方案设计再仿真操作，然后实体实验的教学方式，增加了实验的设计性、任意性、多样性和趣味性，有助于学生掌握从复杂混合体系中提取生物大分子的原理和方法，提升综合设计能力和实践创新能力。

【实验目标】

（1）使学生掌握从复杂细胞混合物体系中获取生物大分子如蛋白质、核酸、多糖等的基本原理、过程及方法。

（2）培养和锻炼学生综合运用生物分离技术的能力和实践动手能力。

【实验原理】

生物大分子如蛋白质、核酸、多糖的分离纯化基础主要包括物理学过程、化学性分子识别和生物学过程 3 方面的知识点：

（1）物理性是表征目标物的物理性质，主要包括溶解度、分子电荷、分子大小、功能团、稳定性、挥发性等。分离过程利用各种物质固有性质的差异，差异越大，分离效果越好。常用分离方法包括盐析、超滤、电泳、离心等。

（2）化学性主要是利用分子间相互作用，如范德瓦耳斯力、氢键力、疏水性相互作用力等。常用分离方法如萃取、薄层层析等。

（3）生物学过程主要包括酶和底物、抗原和抗体、激素与受体的专一性结合。常用分离方法如亲和层析、GST-pull down 等。

生物分离技术一般包括 4 个阶段，原料的选择与处理、细胞破碎固液分离、分离纯化、浓缩冻干。

【知　识　点】

（1）生物大分子的基本特点。

（2）生物大分子分离纯化技术的基本原理和过程。

（3）生物大分子应用的分离技术：离心分离、细胞破碎、透析、盐析、萃取、膜分离、离子交换、凝胶过滤、浓缩、冷冻干燥技术等。

【实验内容】

实验内容介绍见图 5-1。

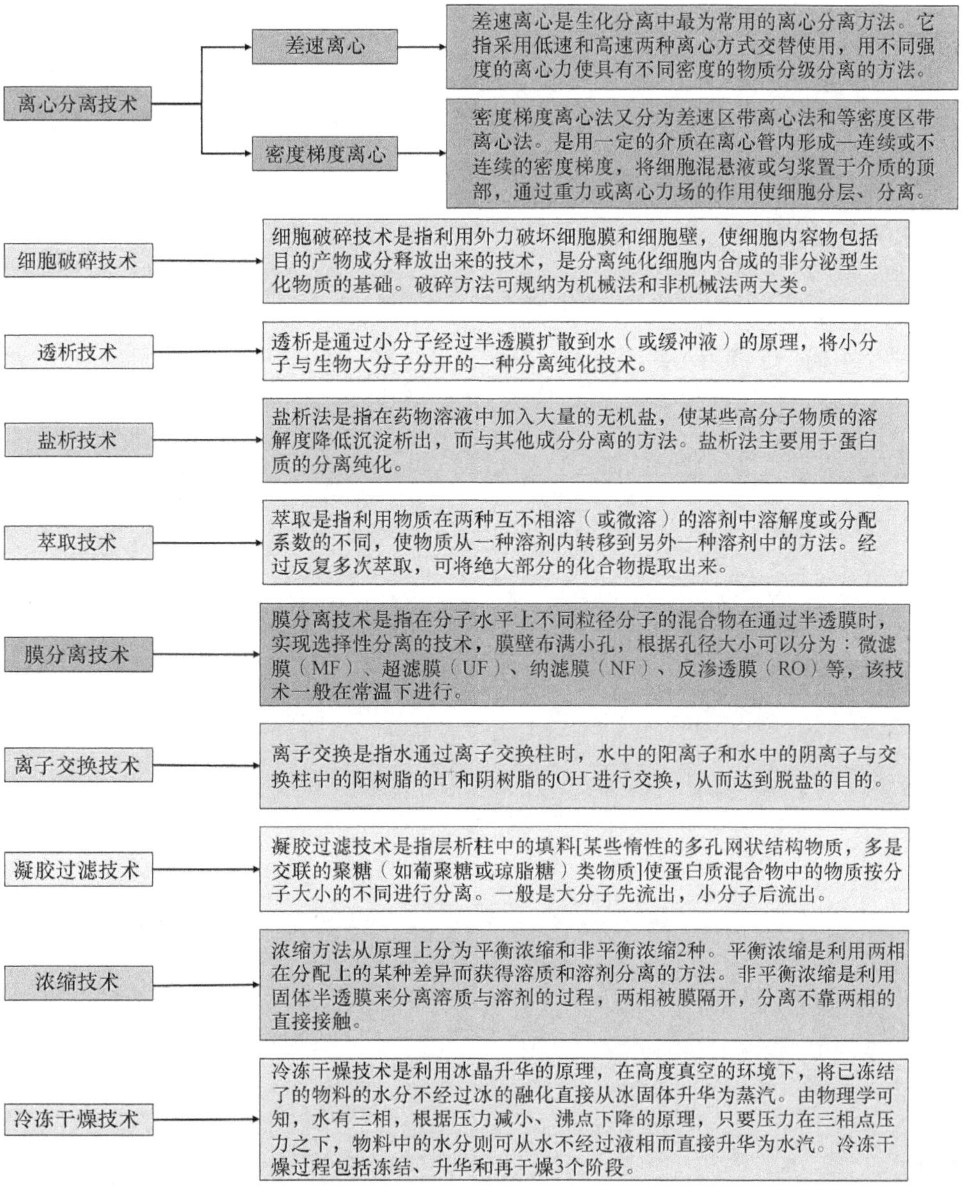

图 5-1　实验内容

【教学方法】

软件分为学习模式和考核模式。所有实验流程的环节均有原理和操作的文字说明（实验指导）。

考核模式：采用“过程考核 + 形成性评价”的评价体系。

过程一　预习（20 分），即考核学生对实验指导的自主学习情况。要求学生自主学习本虚拟仿真实验的实验指导，每个模块提交后可得 5 分（百分制），系统会自动累加各部分成绩。

过程二　实验操作（40 分），即考核学生对本虚拟仿真实验的操作情况。要求学生交互操作各仿真实验；每个部分学完提交后可得 10 分（百分制），系统会自动累加各部分成绩。

过程三　实验报告（10 分），即考核学生对本虚拟仿真实验完成情况。要求学生完成本仿真实验后，撰写实验报告并提交。

过程四　研究报告（10 分），即考核学生对本虚拟仿真实验的掌握及解决实际问题的情况、学习态度等，属于形成性评价。要求各组学生在合作、探究式完成学习任务后，撰写研究报告并提交。

过程五　自测题（20 分），每题 1 分，共 20 题。即考核学生对本虚拟仿真实验的理论知识及关键实验技术的掌握情况。

【作　业】

4～5 名学生组成一个学习小组，查阅资料、讨论、撰写研究报告。

实验二　虚拟 P2 实验室分离培养和鉴定 O157∶H7 血清型出血性大肠杆菌

【实验简介】

实验链接：https://www.ilab-x.com/details/page?id=3430&isView=true。

项目级别：省级一流课程。

项目作者：南昌大学　黄春洪团队。

肠出血性大肠杆菌（EHEC）是能引起人出血性腹泻和肠炎的一类大肠埃希菌，以 O157∶H7 为代表菌株。EHEC 传染途径较多，它的感染已经成为全球性公共卫生问题，多个国家将 O157∶H7 列为必须报告的传染病。由于 O157∶H7 的高传染性和致病性，实验操作依赖 P2 实验室。另外该综合实验周期长、费用高，检材（如患者粪便、肉类等）难以获得。利用虚拟仿真实验重现 P2 实验室和实验过程，可以较好地解决上述问题。

【实验目标】

（1）培养学生 P2 实验室安全知识和正确的操作规范。

（2）培养学生病菌增菌、纯化培养和鉴定的实验技能。

（3）培养学生提取 DNA 和质粒、纯度测定、PCR 鉴定实验技能。

（4）帮助学生区分 EHEC 与 ETEC、EIEC、EAEC、EPEC 的毒力基因和临床症状差异；训练学生实验设计能力。

（5）帮助学生系统掌握 O157∶H7 的致病症状、疫情、传染源和传播途径知识，强化食品卫生安全意识和个人防范能力。

【实验原理】

采集患者粪便样本，在生物安全等级（BSL）-2（P2）实验室开展增菌培养，利用 O157∶H7 菌株不发酵山梨醇和不具备 *β-D-* 葡萄糖醛酸酶活性特点进行分离培养。在 SMAC 培养基上 O157∶H7 菌落为光滑、无色、半透明的菌落，而普通大肠杆菌菌落为蓝紫色。经纯化培养后，进行各类生化鉴定，例如双糖铁、吲哚、尿素、4-甲基伞形酮-*β-D-*葡萄糖醛酸苷（MUG）反应等，以区分大肠杆菌及其他致病菌。粪便菌液革兰氏染色鉴定为阴性，O157 诊断血清呈浑浊反应。

模拟提取致病菌基因组 DNA 和质粒，针对 EHECO157∶H7 的主要毒力因子，如志贺样毒素 2（*stx2*）、肠上皮细胞紧密黏附素（*eae*）、肠溶血素（*hly*）、特异性 LPS 基因（*rfbE*）、特异性鞭毛 H7 基因（*fliC*）等基因进行 PCR 鉴定，这些毒力因子可以区分普通大肠杆菌及其他类型致病性大肠杆菌，如 EPEC、ETEC、EIEC 等。

【知　识　点】

（1）P2 实验室的操作规范，包括更衣、传递、生物安全柜操作等。

（2）出血性大肠杆菌生物学特征。

（3）病原菌纯化分离。真实模拟患者粪菌增菌和纯化培养过程。

（4）病原菌的生化培养基鉴定。了解克氏双糖铁试验原理及结果的判定。

（5）细菌 DNA 提取方法。模拟 CTAB 法提 DNA 的过程。

（6）质粒的提取与纯度检测。模拟试剂盒提取质粒全过程操作步骤，采用 Nanodrop2000 仪检测质粒纯度和浓度。

（7）PCR 反应原理和操作过程。模拟引物设计、体系配制、程序设置等。

（8）出血性大肠杆菌的传播方式、防治措施。

【实验内容】

模块一　微生物实验部分

在虚拟 P2 实验室，对患者粪便标本中大肠杆菌 O157∶H7 及阳性对照菌进行分离培养和鉴定。

实验开始前进行 P2 实验室相关知识问答，答对后可以获得虚拟“上岗证”。

P2 实验室部分学生模拟训练如何进入 P2 实验室、衣帽口罩手套的正确佩戴、物品的传送、P2 实验室灭菌要求、生物安全柜的正确使用、实验结束后各类污染物品的处理、如何正确离开实验室等。

交互操作步骤共有 10 个，包括 P2 实验室结构与使用规程、粪便增菌实验、SMAC 培养基分离培养与纯化培养、菌落革兰氏染色、致病菌生化鉴定（双糖铁试验、吲哚试验、尿素试验、MUG 试验）、血清学鉴定、实验结束清场和离场等内容。

细菌培养和鉴定实验流程见图 5-2。

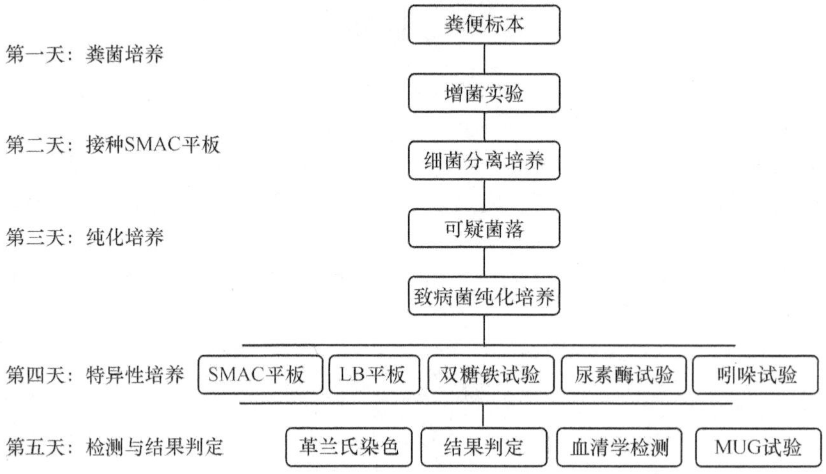

图 5-2　细菌培养和鉴定实验流程

模块二　分子生物学实验部分

分别提取 O157∶H7 阳性菌、肉制品菌液和患者粪菌培养液 DNA，进行 DNA 含量和纯度检测。针对 O157∶H7 特异毒力基因进行引物设计，包括 *eae*、*stx*、*hly*、*rfbE*、*fliC*，以及内参基因 16s rDNA。最后进行 PCR 扩增、琼脂糖电泳检测等试验。共有 7 个交互操作步骤，包括大肠杆菌 DNA 提取、质粒 DNA 提取、DNA 定量检测、引物设计、PCR 体系及程序、PCR 产物琼脂糖电泳、实验设计等。

【教学方法】

可以采取虚实结合的方式进行教学，线下实验采用安全的大肠杆菌 BL21 进行相同流程的实验，让学生熟悉实验全过程。

线上实验分学习模式和考核模式。考核包括交互答题（选择题）、虚拟实验操作，两项各一百分。答题为通关形式，每题有 2 次机会，通过了才能进入下一场景。学生满分通过了线上 P2 实验室的操作训练和考试，可以获得电子合格证书（P2 实验室上岗证）一份，获证后可允许进入实体 P2 实验室开展实验。

线下评价包括考勤、实验报告、课堂表现、实验设计等。将实验结果及分析填入表 5-1。

表 5-1　实验结果及分析

实验项目		大肠杆菌 BL21	O157∶H7 对照菌	粪便标本（将结果填入表格）
SMAC 培养基		光滑、蓝紫色、不透明菌落、发酵山梨醇	光滑、无色、半透明菌落、不发酵山梨醇	
革兰氏染色		–	–	
双糖铁试验	葡萄糖	+	+	
	乳糖	+	+	
	硫化氢	–	–	
	动力	+	+/–	
吲哚试验		+	+	
尿素酶试验		–	+	
血清学玻片凝集		–	+	
MUG 实验		+	–	

【作　业】

（1）对沙门菌进行双糖铁试验，其对乳糖和葡萄糖分解，产酸和产硫化氢时培养基分别有什么特征？

（2）请根据表 5-2 设计实验，对 ETEC 型大肠杆菌进行基因鉴定。

表 5-2　各种致病性大肠杆菌致病因子分布

毒力因子	ETEC	EPEC	EHEC	EIEC	EAEC
毒素类			++		
志贺样毒素 1（*stx1*）			++		
志贺样毒素 2（*stx2*）					
热不稳定毒素 1（LT1）	++				
热不稳定毒素 2（LT2）	+				
热稳定毒素Ⅰ（Sta）	++				
热稳定毒素Ⅱ（Stb）	+				
低分子量热稳定毒素（EAST1）	+	+	++		+
溶血素（*hly*）			++		
黏附素类					
定植因子抗原Ⅰ（CFA/Ⅰ）	+				
定植因子抗原Ⅱ（CFA/Ⅱ）	++				
束状菌毛（Bfp）		++			
聚集性黏附菌毛Ⅰ（AAF/Ⅰ）					++
紧密黏附素（*eae*）		++	++		
侵袭素类					
质粒入侵抗原				++	

实验三　定量蛋白质组学研究虚拟仿真实验

【实验简介】

实验链接：https://www.ilab-x.com/details/page?id=3007&isView=true。

项目级别：国家级一流课程。

项目作者：浙江大学　赵鲁杭团队。

蛋白质组学研究是后基因组时代的重要研究内容之一。同位素标记相对和绝对定量（isobaric tags for relative and absolute quantitation，iTRAQ）技术是其中应用最为广泛的一项高通量定量蛋白质组学研究技术。

本项目是基于真实案例而设计的虚拟实验教学项目，所用材料是肝癌细胞和正常肝细胞，实验结果也是真实的肝癌细胞和正常肝细胞蛋白质组学研究的结果，实现了实验材料、实验结果的真实性和实验过程的虚拟性的虚实结合，增加了实验的现实感。

【实验目标】

（1）通过虚拟仿真实验，了解和掌握蛋白质组学研究的主要实验技术、方法和设计思路；掌握肽段的同位素标记技术的原理和应用。

（2）了解色谱、质谱等先进仪器设备的基本操作程序、基本功能和主要应用领域。提升学生通过专业网站的数据搜索获得生物信息的能力。

【实验原理】

iTRAQ 技术是一种体外同位素标记多肽的相对和绝对定量蛋白质组学研究技术。该技术利用 4 种或 8 种稳定同位素标签，分别标记不同样品中多肽链上的氨基，经高精度的串联质谱分析，可一次性同时比较 4 种或 8 种不同样品中的成千上万蛋白质的绝对量和相对量的变化与差异，并且几乎可以对任何蛋白样品进行定性定量分析（图 5-3）。

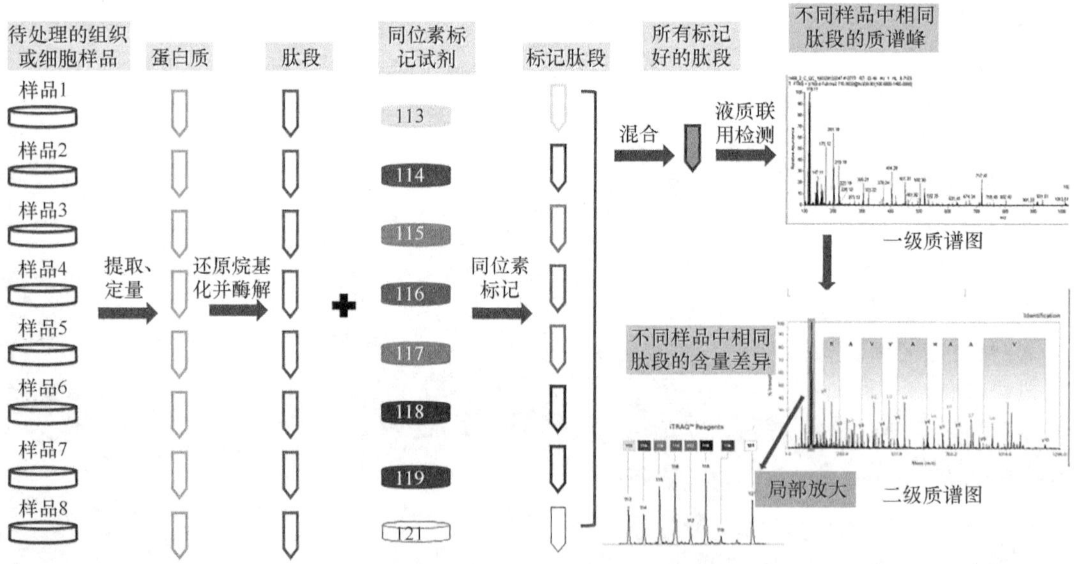

图 5-3　蛋白质组学研究的原理图

不同分子量的稳定同位素报告基团与不同分子量的平衡基团结合，形成了具有分子量的基团，再通过肽反应基团连接到酶解后生成的肽段链上，这样可以保证不同 iTRAQ 试剂标记的不同样品的同一肽段具有相同的荷质比。

在一级质谱中，不同样品来源的相同肽段被连接上总质量相同的完整 iTRAQ 标签试剂后，具有相同质荷比，表现为一个峰。当此质谱峰被选定进行碎裂后，在二级质谱中，平衡基团从报告基团上脱落，根据不同报告基团同位素信号峰的强弱，可以反映出该报告基团所结合的肽段数量的多少，然后经过数据库检索比对和信息学分析，能够还原出各种不同样品中所含有的蛋白质的名称、分子量、等电点、丰度等信息。iTRAQ 技术能够同时分析多个样品，从而有效消除色谱和质谱分离分析过程中可能产生的误差。iTRAQ 试剂的组成见图 5-4。

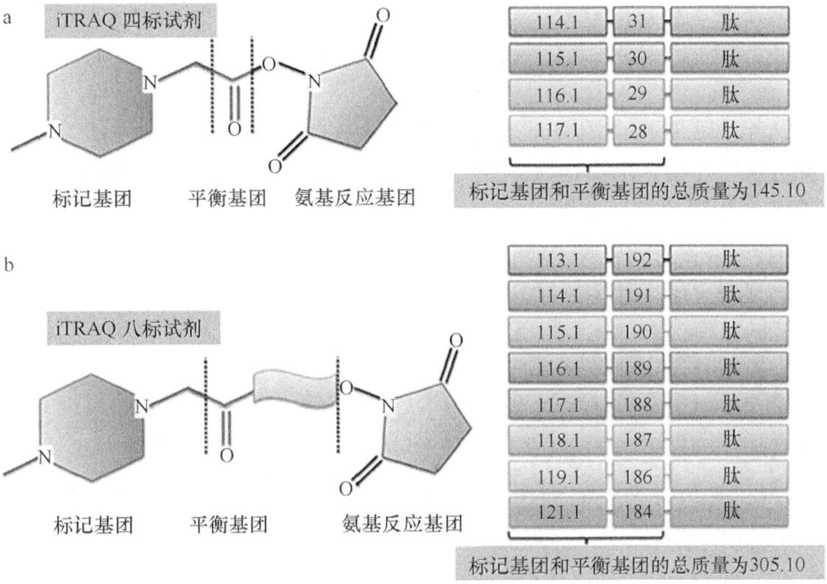

图 5-4　iTRAQ 试剂的组成

【知　识　点】

（1）蛋白质组学（proteomics）：是一种研究细胞、组织，乃至整个生物体中所表达的全部蛋白质的组成及其变化规律的科学。蛋白质组学研究能够对组织或细胞内蛋白质的表达、修饰及相互作用等情况进行全方位的定性和定量分析，从而了解在各种环境因素变化或生理、病理情况下，组织或细胞内的蛋白质表达的质与量的变化，为研究生命活动的规律提供物质基础。

（2）蛋白质的还原烷基化及酶解：将蛋白质用尿素变性、二巯基苏糖醇（DTT）还原打开二硫键，碘乙酰胺（IAA）烷基化修饰巯基，防止游离的巯基再生成二硫键。胰蛋白酶酶解蛋白质成肽段，用于后续 iTRAQ 试剂标记实验。

（3）HPLC 的分级分离：利用强阳离子交换树脂对混合的肽段样品进行分级分离，可有效降低每个组分多肽样品的复杂度。

（4）质谱检测：iTRAQ 技术将不同样品的所有标记肽段混合在一起进行检测分析，不同样品中的相同肽段在一级质谱中显示为一个质谱峰。在二级质谱中进行碎裂后，由于这些相同的肽段所结合的报告基团是不一样的，而且结合的报告基团的数量与此肽段的含量有关，所以通过检测报告基团信号的强弱，就能检测出肽段的含量，最终还原为蛋白质的含量。

（5）质谱数据的搜库分析：搜库分析是将蛋白质数据库中所有的蛋白质进行理论酶解，所产生的理论肽段图谱。

【实验内容】

模块一（细胞样本总蛋白的制备）和模块二（蛋白质定量） 两部分是定量蛋白质组学研究实验材料的准备过程，此两部分为非虚拟实验。

模块三 SDS-PAGE 鉴定交互性操作步骤。

模块四 蛋白质还原烷基化及酶解。

模块五 肽段同位素标记。

模块六 HPLC 分级分离肽段。

模块七 液质联用检测。

模块八 数据库搜索及数据分析。

【教学方法】

教学过程中，线下实验教学内容是蛋白质印迹法检测特定蛋白质的表达；线上实验教学内容包括定量蛋白质组学研究技术虚拟仿真实验、RT-PCR 虚拟仿真实验、二维电泳视频演示教学。

学生交互性操作步骤说明：实验共有人机交互性操作 120 步以上，学生在进行虚拟操作时要及时回答系统提出的问题，完成答题程序后系统才能继续实验。系统将根据学生在实验前测试和实验过程中回答问题的情况，待实验操作完成后给出实验操作考核成绩（占总成绩的 50%）。

【作　业】

4～5 名学生组成一个学习小组，查阅资料、讨论、撰写研究报告。

（1）选择感兴趣的疾病，撰写探究该疾病致病靶点的蛋白质组学研究方案。

（2）选择近 3 年发表的运用蛋白质组学相关方法的研究论文，总结文章并解析研究思路、流程。

实验四　蛋白质表达纯化及其结构解析虚拟仿真实验

【实验简介】

实验链接：https://www.ilab-x.com/details/page?id=3627&isView=true。

项目级别：国家级一流课程。

项目作者：西安交通大学　李冬民团队。

蛋白质的空间结构决定蛋白质的功能，其结构异常可导致生物活性的降低或丧失。解析蛋白质空间结构、揭示其结构与功能之间的关系，对于阐明疾病发病机制、基于蛋白结构设计研发新药物、寻找疾病新的诊疗标志物都具有非常重要的理论及转化应用价值。

本项目以凝血因子Ⅷ为例，通过虚拟仿真操作，让学生系统学习 DNA 测序鉴定重组质粒、亲和层析法纯化目的蛋白、X 射线衍射晶体分析空间结构的原理和操作，解决课时不足、仪器受限等问题。

【实验目标】

（1）掌握蛋白质表达纯化及其结构解析的研究思路和基本流程。

（2）掌握蛋白质表达纯化及其结构解析关键技术的原理、用途及操作流程。

（3）了解 DNA 测序仪、全自动蛋白质分离纯化系统、蛋白质结晶仪、X 射线衍射仪等仪器的操作及注意事项。

【实验原理】

1. 测序法鉴定重组质粒原理　在单引物 PCR 测序反应中，4 种双脱氧核苷酸（ddNTP）随机参与单链 PCR 产物的形成，当 ddNTP 参与到 PCR 产物合成时，PCR 产物因缺乏 3′-OH 导致延伸终止，从而形成一系列不同长度的单链 PCR 产物。用聚丙烯酰胺凝胶毛细管电泳来分离不同长短的 PCR 产物并读出序列。

2. Flp-FRT 技术的原理　Flp 是酵母细胞内由 423 个氨基酸组成的重组酶。FLP 重组酶靶位点（FLP recombinase target site，FRT）是 Flp 识别位点，由两个长度为 13bp 的反向重复序列和一个长度为 8bp 的核心序列构成。通过 Flp 介导，可将含有目的基因的表达载体整合到 Flp-In 细胞株基因组中两个 FRT 位点之间，使目的基因在哺乳动物细胞基因组的特定位点整合和表达。

3. 亲和层析技术纯化蛋白质的原理　亲和层析技术是利用固相介质中的配基与混合生物分子之间亲和能力不同而分离目标蛋白的技术。GST 是常用的表达标签，构建 GST-凝血因子Ⅷ融合蛋白，GST 可以与凝胶介质偶联的 GSH（谷胱甘肽）形成二硫键结合，特异性吸附目标蛋白，从而将其与其他蛋白分开。通过 GSH 竞争洗脱原理，可将融合蛋白从亲和柱上洗脱下来。

4. X 射线衍射技术分析蛋白质空间结构的原理　当 X 射线照射晶态结构时，将受到晶体点阵排列的不同原子或分子衍射。晶面间距一般为物质的特有参数，一个物质若能测定数个晶面距离及与其相对应的衍射线的相对强度，则能求得结晶内原子或离子的规则排列状态。

【知　识　点】

（1）DNA 测序（双脱氧法）的原理、用途和基本操作流程。

（2）表达载体的种类及特点。

（3）Flp-FRT 技术的原理和真核表达的操作过程。

（4）亲和层析技术纯化蛋白质的原理、用途和操作流程。

（5）X 射线衍射结晶技术分析蛋白质空间结构的原理、用途和操作流程。

【实验内容】

主要交互步骤见图 5-5。

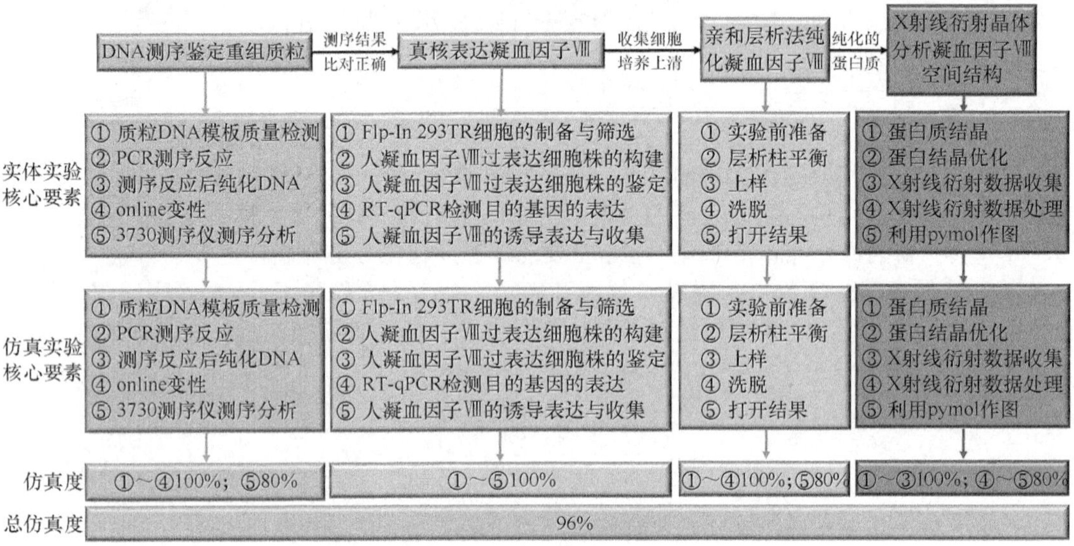

图 5-5　主要交互步骤

本实验各模块的名称、交互操作步骤和课时分配见表 5-3。

表 5-3　各模块的名称、交互操作步骤和课时分配

模块	名称	交互操作步骤	学时分配
模块一	DNA 测序鉴定重组质粒	步骤 1～18	1h
模块二	真核表达重组凝血因子Ⅷ	步骤 19～30	1h
模块三	亲和层析法纯化目的蛋白（即凝血因子Ⅷ）	步骤 31～54	1h
模块四	X 射线衍射晶体分析凝血因子Ⅷ空间结构	步骤 55～73	1h
合计			4h

1. 模块一　DNA 测序鉴定重组质粒（步骤 1～18）：凝血因子Ⅷ的重组表达载体的提取和测序鉴定，步骤 12～18 为测序分析。

2. 模块二　真核表达重组凝血因子Ⅷ（步骤 19～30）：步骤 19～22 为 Flp-In 293TR 细胞的制备与筛选；步骤 23～24 为人凝血因子Ⅷ过表达细胞株的构建；步骤 25～28 为人凝血因子Ⅷ过表达细胞株的鉴定及 RT-qPCR 检测目的基因表达；步骤 29～30 为人凝血因子Ⅷ的诱导表达及收集。

3. 模块三　亲和层析法纯化目的蛋白（即凝血因子Ⅷ）（步骤 31～54）：全自动蛋白质分离纯化系统亲和层析法纯化目的蛋白。

4. 模块四　X 射线衍射晶体分析凝血因子Ⅷ空间结构（步骤 55～73）。

【教学方法】

软件分为学习模式和考核模式。所有实验流程，如蛋白质表达、分离纯化及结构解析等环节均有原理和操作的文字说明（实验指导）。

考核模式：采用“过程考核＋形成性评价”的评价体系。

1. 过程一　预习（20 分），即考核学生对实验指导的自主学习情况。要求学生自主学习本虚拟仿真实验的实验指导，每个学完提交后可得 5 分（百分制），系统会自动累加各部分成绩。

2. 过程二　实验操作（40 分），即考核学生对本虚拟仿真实验的操作情况。要求学生交互操作各仿真实验；每个部分学完提交后可得 10 分（百分制），系统会自动累加各部分成绩。

3. 过程三　实验报告（10 分），即考核学生对本虚拟仿真实验的完成情况。要求学生完成本仿真实验后，撰写实验报告并提交。

4. 过程四　研究报告（10 分），即考核学生对本虚拟仿真实验的掌握及解决实际问题的情况、学习态度等，属于形成性评价。要求各组学生在合作、探究式完成学习任务后，撰写研究报告并提交。

5. 过程五　自测题（20 分），每题 1 分，共 20 题。即考核学生对本虚拟仿真实验的理论知识及关键实验技术的掌握情况。

【作　　业】

4～5 名学生组成一个学习小组，查阅资料、讨论、撰写研究报告。

（1）选择感兴趣的蛋白质，根据其特点，撰写解析该蛋白质的研究方案。

（2）选择近 3 年发表的解析某个蛋白质结构的研究论文，总结文章并解析该蛋白质的研究思路、流程。

实验五　地中海贫血基因的分子诊断虚拟仿真项目

【实验简介】

实验链接：https://www.ilab-x.com/details/page?id=12363&isView=true。

项目级别：省级精品课程。

项目作者：广西医科大学　晁耐霞团队。

地中海贫血是一种常见的遗传性疾病，这种疾病的发生与珠蛋白基因的异常有关，这种异常主要表现在该基因的突变上。

本项目构建系统的血红蛋白知识框架，使学生对地中海贫血的分子机制及诊断依据形成完整的认识；通过虚实结合的技术流程，克服检测周期长、标本来源受限等困难，将地中海贫血的分子诊断从初筛到明确诊断的过程化繁为简，以虚实结合的形式，将基础知识融入临床分析，培养学生的临床思维及医者的人文素养。

【实验目标】

（1）通过虚实结合的学习过程，掌握地中海贫血及复杂的血红蛋白基因簇的相关知识；掌握地中海贫血分子诊断的基本方法及其结果的分析方法。

（2）打破课程间壁垒，通过虚拟的临床优生咨询，熟悉临床问诊的基本方法和信息采集；建立地中海贫血分子诊断的分析思路，强化科研探索精神。

（3）将复杂的地中海贫血基因分析诊断的过程化繁为简，使学生有更多的机会认识地中海贫血分子诊断的复杂性，培养探究精神和学以致用的创新能力。

【实验原理】

1. 血红蛋白电泳进行地中海贫血初筛　胚胎、胎儿、新生儿、成人血红蛋白（hemoglobin，Hb）的组成均不相同；Hb 的基因簇如 *α*-珠蛋白基因簇、*β*-珠蛋白基因簇的结构和/或数量和/或表达发生改变，造成 Hb 的组成变化，是发生地中海贫血的分子基础。这些组成不同的 Hb 在电泳时，会因电泳迁移率有差异而被区别。

2. α 地中海贫血的基因诊断　α 地中海贫血主要是 16 号染色体上 *α*-珠蛋白基因缺失，或非缺失突变导致 *α*-珠蛋白功能异常或合成减少而引起。跨越断裂点 PCR（gap-PCR）可简便快速检测中国人常见的 3 种缺失类型。根据常见的 *α*-珠蛋白基因缺失特征，设计 gap-PCR 引物对，引物对分别与缺失序列的两侧翼序列互补；发生缺失时，缺失区两端并接，使本来在正常 DNA 序列中相距很远的这一对引物之间的距离，因断端连接而靠近，从而能够扩增出特定长度的片段。

3. β 地中海贫血的基因诊断　β 地中海贫血绝大多数是由 11 号染色体上 *β*-珠蛋白基因点突变所致，导致 *β*-珠蛋白肽链合成减少（β+）或缺失（β0）为特征的一类遗传性溶血性贫血。临床上分为重型、中间型和轻型 3 种类型。我国当前对 β 地中海贫血进行基因诊断和产前诊断的方法首选是 PCR 结合反向点杂交（PCR-RDB）技术。根据已知 β 地中海贫血基因突变位点设计一组特异性寡核苷酸探针，生物素标记后固定在杂交膜上，然后与扩增的 PCR 产物进行杂交、洗膜、显色，产生杂交信号，分析结果。

【知　识　点】

（1）Hb 的基础知识。

（2）*α*-珠蛋白基因簇与 α 地中海贫血。

（3）*β*-珠蛋白基因簇与 β 地中海贫血。

【实验内容】

本实验各模块的名称、交互操作步骤和课时分配见表 5-4、图 5-6。

表 5-4　各模块的名称、交互操作步骤和课时分配

模块	名称	交互操作步骤	课时分配
模块一	临床优生咨询	步骤 1～5	1h
模块二	Hb 乙酸纤维素薄膜电泳	步骤 6～12	1h
模块三	α 地中海贫血基因诊断	步骤 13～18	1h
模块四	β 地中海贫血基因诊断	步骤 19～25	1h
合计			4h

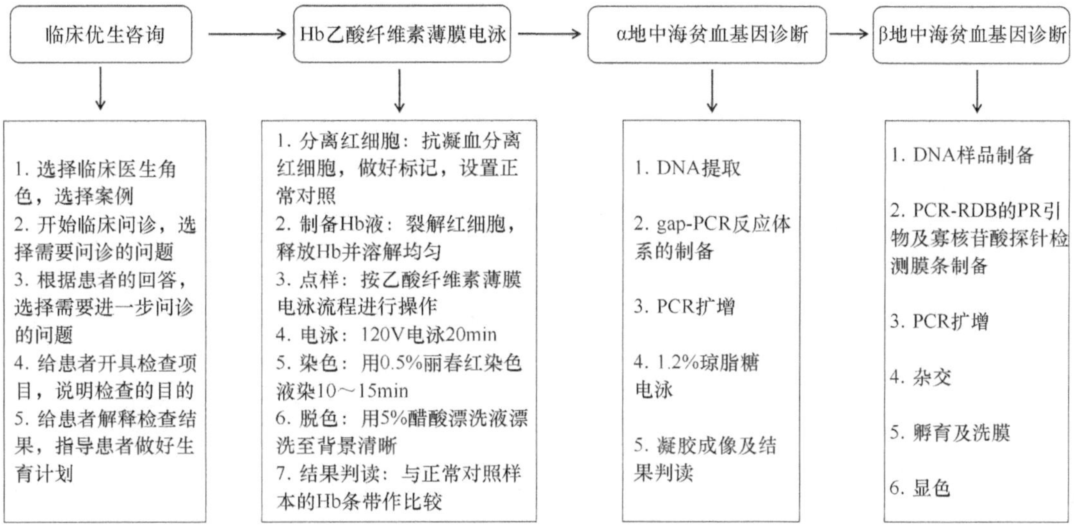

图 5-6　实验流程图

【教学方法】

软件分为学习模式和考核模式。所有实验流程，如血红蛋白电泳初筛、DNA 快速提取、α 地中海贫血基因诊断等环节均有原理和操作的文字指导。

考核模式：采用“过程考核＋形成性评价”的评价体系。

1. 过程一　预习（20 分），要求学生自主学习本虚拟仿真实验的实验指导，每个学完提交后可得 5 分（百分制），系统会自动累加各部分成绩。

2. 过程二　实验操作（40 分），要求学生交互操作各仿真实验；每个部分学完提交后可得 10 分（百分制），系统会自动累加各部分成绩。

3. 过程三　实验报告（10 分），要求学生完成本仿真实验后，撰写实验报告并提交。

4. 过程四　研究报告（10 分），要求各组学生在合作、探究式完成学习任务后，撰写研究报告并提交，属于形成性评价。

5. 过程五　自测题（20 分），每题 1 分，共 20 题。考核学生对本虚拟仿真实验的理论知识及关键实验技术的掌握情况。

【作　　业】

4～5 名学生组成一个学习小组，查阅资料、讨论、撰写研究报告。

（1）正确地进行地中海贫血分子诊断所需标本的采集、处理，包括血红蛋白液的制备及 DNA 的制备，撰写实验流程。

（2）运用 PCR 技术、电泳技术、分子杂交技术等，进行遗传性疾病、感染性疾病的实验室分析。

（3）对常见 α 地中海贫血、β 地中海贫血的不同类型进行基因诊断。

实验六　蛋白酶表达纯化与活性测定虚拟仿真实验

【实验简介】

实验链接：https://www.ilab-x.com/details/page?id=6349&isView=true。

项目级别：国家级一流课程。

项目作者：重庆大学　杨爱民团队。

蛋白酶的表达、纯化及其酶学活性测定不仅是现代生物技术研究的核心组成部分，也是连接基础科学与实际应用的桥梁。这一系列工作不仅对于生物学基础理论的探索至关重要，且在生物制药、工业酶制剂开发、疾病诊断与治疗等领域均展现出了巨大的应用潜力。

本项目以新冠病毒主蛋白酶 Mpro 和自噬蛋白酶 Atg4B 为例，通过虚拟仿真操作，让学生系统理解和掌握蛋白酶表达、纯化及其酶学活性测定的基本知识和理论，解决教学过程中的耗时长、不可逆和成本高等限制性难题。

【实验目标】

（1）理解和掌握蛋白酶表达、纯化及其酶学活性测定的基本知识和理论。

（2）熟练虚拟操作蛋白电泳仪、蛋白质纯化仪和酶标仪等关键仪器设备，提升动手能力和构想能力。

（3）能够运用蛋白酶表达纯化及活性测定的原理和知识，提升分析和解决复杂科学问题的辩证思维能力和综合创新能力。

（4）调动学生自主学习的积极性，激发学生勇于创新的热情，引导学生热爱科学，激发学生的民族自豪感，树立科学的价值观和社会责任感。

【实验原理】

1. 蛋白酶的原核表达原理　将编码目的蛋白的基因构建在表达质粒中，将表达质粒导入大肠杆菌。外源基因在大肠杆菌中的表达通常需要诱导剂的诱导才能进行。当有诱导剂 IPTG 存在时，诱导剂可与 Lac 阻遏蛋白结合，导致 Lac 从操纵基因上解离下来，RNA 聚合酶不再受阻碍，启动反应发生转录。

2. 镍亲和层析技术纯化蛋白质原理　Ni 柱中的镍离子可与有 His6（组氨酸）标签的目的蛋白结合，从而形成 His6-目的蛋白，特异性结合在柱子上，而其他的杂蛋白流出。通过洗脱，咪唑将竞争性结合到硫酸镍上，从而洗脱目的蛋白。

3. FRET 技术测定蛋白酶活性原理　Edans 和 Dabcyl 分别作为荧光供体与淬灭基团，连接于新冠主蛋白酶底物两端。未切割时，二者靠近发生荧光共振能量转移，Dabcyl 抑制 Edans 荧光。当底物被新冠病毒主蛋白酶切割后，两个基团分开，Edans 的荧光不再被 Dabcyl 淬灭，即可检测到 Edans 的荧光，通过荧光检测就可以非常灵敏地检测新冠病毒主蛋白酶的酶活性。

4. SDS-PAGE 测定蛋白酶活性原理　SDS-PAGE 依据蛋白质分子量进行分离，其中 SDS-蛋白质复合物的迁移率直接相关于分子量。Atg4B 切割 pro LC3(1-125) 生成 LC3-1(1-120)。在 SDS-PAGE 上，pro LC3 和 LC3-1 的迁移速度不同，尽管 proLC3 理论上分子量更大，其疏水尾部导致移速反常更快。通过分析 SDS-PAGE 上不同时间和浓度下 pro LC3 与 LC3-1 比例，可评估 Atg4B 酶活性。

【知 识 点】

（1）蛋白酶表达的原理和基本操作流程。
（2）原核表达载体的种类及特点。
（3）亲和层析技术纯化蛋白酶的原理、用途和操作流程。
（4）SDS-PAGE 检测蛋白分子量大小的原理及操作过程。
（5）酶活性的表示方法及测定方法的基本原理。
（6）荧光共振能量转移（FRET）技术的原理及操作流程。
（7）半胱氨酸蛋白酶的特征及催化原理。
（8）新冠病毒主蛋白酶在病毒侵染过程中的生物学功能。
（9）Atg4B 在细胞自噬过程中的生物学功能。

【实验内容】

本实验各模块的名称、步骤、学时分配及成绩权重见表 5-5。

表 5-5 各模块的名称、步骤、学时分配及成绩权重

模块	名称	交互操作步骤	培养创新能力步骤	学时	成绩权重
模块一	蛋白酶的原核表达	步骤 1～12	步骤 9、10	1h	25%
模块二	蛋白酶的纯化	步骤 13～22	步骤 17、18、20	1h	25%
模块三	新冠病毒主蛋白酶 Mpro 酶活性测定	步骤 23～31	步骤 25、26、29、30	1h	25%
模块四	自噬关键蛋白酶 Atg4B 酶活性测定	步骤 32～44	步骤 33、34、39、40	1h	25%
	合计			4h	100%

模块一 蛋白酶的原核表达（步骤 1～12）：涵盖基因克隆至蛋白检测全过程。包括质粒转化、细菌培养、诱导表达、细胞收集、蛋白提取、SDS-PAGE 电泳与染色等，需掌握实验室安全知识及仪器使用，完成相关测试题。

模块二 蛋白酶的纯化（步骤 13～22）：蛋白酶纯化实验流程设计包括细胞匀浆制作、破碎、离心去碎片，随后进行蛋白亲和层析纯化。纯化后，样品进行 SDS-PAGE 与染色，确认纯化组分。透析以去除杂质，完成纯化相关测试题。

模块三 新冠病毒主蛋白酶 Mpro 酶活性测定（步骤 23～31）：Mpro 酶活性测定包括制备样品以探究反应速率与时间及底物浓度的关系；先加底物后加 Mpro，用酶标仪检测随时间变化的酶活性；再固定时间，改变底物浓度并加缓冲液补齐，最后加 Mpro 检测酶活性变化。完成相关测试题。

模块四 自噬关键蛋白酶 Atg4B 酶活性测定（步骤 32～44）：制备样品，依次加缓冲液、底物、酶，控制时间中止反应，进行 SDS-PAGE 检测。完成相关测试题。

【教学方法】

（1）课前自主学习：实验前开展预习，需明确实验目的、探究问题，熟悉实验原理、方法、耗材和仪器。在此基础上，设计实验方案并绘制思维导图，以确保实验前的充分准备和有效规划。

（2）线下课程讲解：教师深入讲解新冠病毒主蛋白酶 Mpro 的关键作用及其在病毒感染中的角色，以及 Atg4B 在细胞自噬中的功能。

（3）课上研讨交流：教师从蛋白酶研究思路出发，提出理论与技术问题，结合实验设计，引导学生进行研究交流，形成共识或者确定产生的争议点。在此基础上，各自确定自己的实验方法和步骤。

（4）学生实际操作：在线上虚拟仿真实验中，学生可根据兴趣自由选择 4 个实验模块的操作顺序，进行开放式操作。系统设置测试题并即时反馈结果，实验结果可能引导学生发现问题并思考解决方案。

（5）实验探究改进：针对前面实验暴露的问题或者由实验引发的深度问题，结合实验目的以及要探究的问题，进行全自主的探究性实验。

【作　业】

（1）除了 His6 标签，还可以利用什么标签进行重组表达和分离？

（2）如何提高原核表达的外源蛋白的可溶性？

实验七　G 蛋白偶联受体 FPR1 全基因克隆、真核表达及功能测定虚拟仿真实验

【实验简介】

实验链接：https://www.ilab-x.com/details/page?id=5826&isView=true。

项目级别：国家级一流课程。

项目作者：浙江大学　史影团队。

本项目是集生物信息学、分子生物学、细胞生物学和生物化学于一体的大跨度综合性实验。以 G 蛋白偶联受体（GPCR）FPR1 为载体，全线模拟该基因克隆、真核表达及功能测定的整个实验过程。涉及 GPCR 结构、下游信号转导、内吞与失敏、激动剂与拮抗剂、细胞趋化等知识点。项目注重学生综合性实验能力和研究型思维的培养，鼓励探索实验应用和现代生命科学新问题。可作为生物化学实验、分子生物学实验及蛋白质功能实验的补充和辅助。

【实验目标】

（1）了解 GPCR 结构特点与下游信号转导，GPCR 内吞与失敏及与疾病和药物研发的关系；掌握荧光蛋白融合表达显微观察法检测 GPCR 内吞的技术。

（2）了解掌握甲酰肽受体 FPR1 的结构特点、介导的细胞趋化及在炎症发生发展中的作用；学习 Transwell 小室细胞趋化实验的设计及技术。

（3）学习并掌握基因序列分析、全基因克隆及真核细胞转染表达等基础系列技术。

（4）培养分子细胞生物学综合性实验和解决复杂问题的能力；系统地掌握基因克隆技术及细胞水平蛋白质功能测定方法，具备大跨度综合性实验能力。

【实验原理】

甲酰肽受体 FPR1 是 G 蛋白偶联的趋化物质受体，主要表达在免疫细胞表面，在宿主免疫和炎症反应中起重要作用。甲酰肽 fMLP 是 FPR1 第一个被鉴定的激动剂。本实验采用 pEGFP-N1 作为真核表达载体，表达 FPR1-EGFP（增强型绿色荧光蛋白）融合蛋白。将重组质粒包裹于脂质体内，脂质体表面带正电，可被表面带负电的细胞膜吸附，再通过融合或细胞内吞进入细胞，完成转染。细胞通过膜表面的趋化物质受体感应信号，进行趋化反应。fMLF 是 FPR1 的趋化激动剂，当 GPCR 的激动剂持续存在时，会在几分钟至几小时内引起细胞膜表面的受体数量降低，即发生内吞。随后 GPCR 会出现反应性降低的现象，即受体失敏。本实验通过显微镜观察 EFGP 检测 GPCR 内吞的过程。

【知　识　点】

（1）GPCR 结构特点及介导的信号通路；GPCR 与疾病及药物研发。

（2）甲酰肽受体 FPR1 的结构与功能。

（3）基因序列分析，即 mRNA、内含子、外显子、调控序列、CDS 和侧翼序列的概念及分析。

（4）全基因克隆技术，即含基因组 DNA 提取、PCR 扩增、琼脂糖凝胶电泳、酶切连接、质粒转化与鉴定、质粒提取与含量测定。

（5）常用报告基因及绿色荧光蛋白标签技术。

（6）真核细胞转染技术。

（7）细胞趋化作用与炎症反应。

（8）Transwell 小室细胞趋化实验技术。

（9）GPCR 内吞与失敏、GPCR 内吞后去路、GPCR 激动剂和拮抗剂、细胞爬片等。

（10）荧光显微镜和激光共聚焦扫描显微镜的观察技术。

【实验内容】

实验共有 16 个交互操作步骤，包括 FPR1 基因分析与克隆、真核细胞转染、FPR1 介导的细胞趋化作用、FPR1 膜定位和内吞观察等，详见表 5-6。

表 5-6 虚拟仿真实验步骤名称与目标要求

序号	步骤名称	步骤目标要求	时间（min）
1	实验原理学习	通过观看视频、二维动画和文字说明等完成实验原理的学习。完成后做预习测试，10 道题答对 8 道及以上才能进入实验操作步骤	20
2	FPR1 基因分析	获得 FPR1 全基因、mRNA、内含子、外显子、调控序列、CDS 序列等	10
3	人源基因组 DNA 提取	收集 HEK293T 细胞，利用 DNA 纯化柱提取基因组 DNA，掌握各种试剂的功能和用法	5
4	DNA 含量测定	掌握 Nanodrop 仪器及相关软件对提取的 DNA 进行含量测定的方法	5
5	PCR 引物设计	掌握 Jellyfish 软件设计和手工设计两种方法设计 PCR 扩增引物	5
6	PCR 扩增	掌握 PCR 扩增体系的配制及扩增程序；PCR 仪参数查看设置	5
7	PCR 产物凝胶电泳鉴定及回收	学习琼脂糖凝胶电泳胶配制、上样、电泳及紫外线灯下结果观察判断、切胶及目的片段回收等步骤	5
8	PCR 产物及载体双酶切	掌握 PCR 产物及空载体双酶切体系的配制和酶切条件	5
9	双酶切产物连接反应	掌握连接反应体系的配制及连接过程	5
10	质粒转化鉴定、提取与含量测定	掌握质粒转化、质粒提取及含量测定等流程	5
11	真核细胞转染	掌握 Lipofectamine2000 转染原理及方法	5
12	细胞种板、趋化实验设计、激动剂处理	掌握 Transwell 小室的装配及趋化因子和细胞的加载，学习平行实验和对照实验的设计	5
13	趋化实验观察计数及结果分析	学习趋化实验染色、计数及统计分析方法；完成细胞染色、显微镜下观察计数、作图分析	5
14	细胞爬片	掌握细胞爬片的过程和方法	5
15	激动剂刺激及内吞观察	掌握激动剂刺激实验的设计、步骤及过程	5
16	激动剂去除后内吞 FPR1 去路	掌握实验设计方案	5

【教学方法】

本实验可采用虚拟与实体实验相结合的方式进行教学。质粒提取、转染、FPR1 膜定位和内吞观察均可以开展实体实验。课前学生可通过实验项目的介绍视频、课件等掌握相关知识背景。虚拟实验每个交互操作步骤均有详细的赋分及建议的操作实验，完成后可以获得总分数。

虚拟实验步骤结束后，线上还需进行课后巩固习题和课后拓展题训练。线下学生完成实验设计作业，并根据实际提交实验报告和心得体会。

【作　业】

请设计内吞实验用于 GPCR 拮抗剂筛选的实验方案。